풍경 속을 걷는 즐거움

명상 산책

김인자 지음

가림출판사

저 빛나는 숲의 바람이나 되었으면…

걷는 행위를 한마디로 설명하기란 어렵다. 그러나 걷는 것을 즐기는 사람은 안다. 걷는 것은 불편하거나 고된 노동이 아니라 자연으로 나아가는 소풍이란 걸. 허나 소풍보다 한가하고 안락한 휴식이 있다면 그건 산책이다.

산책이란, 그저 천천히 걷는 것이다. 힘이 들어서가 아니라 기분이 좋아서, 볼거리가 많아서, 그리고 소중한 순간을 조금 더 지속하고 싶어서, 심신이 사색을 통한 즐거움을 맘껏 누리도록 배려하기 위해 느리게 걷는 것이다.

현대인, 특히 도시인들은 느림과 침묵에 굶주려 있다. 느림과 침묵이 결핍될수록 필요한 것은 두 발의 건강한 노동이다. 누가 말했던가, '걷는다는 것은 새 애인을 만나 사랑에 빠져 몇 십 년 해온 사랑을 다 합쳐도 지금 사랑만큼은 못한 것 같은 착각과 비슷한 현상'이라고. 이처럼 어느 땐 한 걸음 한 걸음이 깊은 울림을 주는 시처럼 감동적일 때도 있다.

걸으면서 묻게 된다. '지금 이것이 내가 바라던 모습인가?' 하고. 즐거워서 걷고, 우울해서 걷고, 궁극엔 답을 얻기 위해 걷는다고 생각해왔다. 그러나 솔직히 말하자. 아직도 나는 왜 걷는지 모르겠다. 걷는 것 자체가 답이 되는 건 아닐까? 이 말을 찾을 수 없었다면 조금 더 불행했을지도 모르겠다.

걷는다는 것은 과거를 담보로 미래를 지향하는 일에 다름 아니므로 길을 나설 준비가 되었다면 모두 비운 뒤 조금씩 새 것을 음미하며 담아내는 것이 중요하다.

그렇지 않으면 앞으로 나아갈 수 없다. 눈만 뜨면 우리는 일어나 앞으로 나아간다. 그것은 뒤로 가고 싶어도 갈 수 없는 시간의 구조와 존재의 현실이 말해준다. 앞으로 나아가는 일이 자연스러운 일이라면 제 자리에 멈추거나 뒤로 물러서는 일은 어렵거나 불가능하다. 걷기를 통해 보다 주도적이고 적극적으로 나아가야 할 이유가 여기에 있다.

산책은 번거롭게 매번 끈을 당겨 매야 하는 등산화가 아니어도 상관없다. 가벼운 운동화 혹은 맨발이라도 좋다. 바람, 나무, 풀잎과 더불어 계절을 교감하다 보면 불완전했던 몸도 서서히 제자리로 돌아온다. 걷는 것은 그렇게 시작하는 몸의 동작이다.

고된 육신의 수양 없이 영혼이 변화하는 일은 없다. 나는 여기서 낙천성이 더없는 축복임을 믿는다. 찬바람이 불면 누구나 훌쩍 떠나고 싶을 것이다. 그때 홀로 혹은 좋은 벗과 이 아름다운 강산을 두 발로 걸어보는 여행은 어떤가?

나는 집을 나설 때마다 엄습해 오는 크고 작은 두려움을 저항하지 않고 받아들인다. 두려움을 즐기는 것이다. 문 밖에 어떤 난관이 숨어있는 걸 모두 알았다 해도 아마 그랬으리라. 살다 보면 여행 전날의 기분 같은 건 자주 없다. 그래서 걷기를 일상처럼 누리는 여행이 필요했는지도 모른다.

이제 나는 산책의 기쁨을 빼고 생을 말할 수는 없을 것 같다.

망포마을에서 김인자

CONTENTS

숲이 저렇게 속살을 드러내기도 쉽지 않은 일이다.

이제 곧 작은 나라에도 나무와 풀과 새들과 벌레들의 생존을 위한 노동이 시작되리라.

칠보산과 그 언저리

속도에
갇히지 않은 곳

걷다 보면 몸이 속도를 감지하게 되고
그 속도가 곧 자연의 속도라는 것을
인식하는 일은 오히려 자연스럽다.
그것은 걷는 의식의 속도라기보다
몸이 요구하는 속도여서
그 같은 몸의 요구에 따르다 보면
마음이 따르는 일은 시간문제이다.

칠보산과 그 언저리

대지 가득 내려앉은 햇살이 한 차례 위기가 스친 후에 만나는 세상처럼 아름답다. 인적 없는 숲, 마른 나무에 몸을 기대 쉬고 있는 두 대의 자전거를 보았다. 자전거 주인은 어디로 간 것일까? 그 궁금증으로부터 시작된 산책, 나는 가벼운 차림으로 햇살 아래 새로운 아침을 걷고 있었다. 특별히 나를 미워하지 않는다는 것을 알기에 바람이 조금은 신경질적으로 불었으나 싫지 않았고 천천히 흐르는 시간에 모두 맡긴 채 부드러운 세상 속으로 빠져들었다.

햇살이 비추지 않은 곳은 없다. 봄은 겨우내 바닥 깊은 곳까지 누추하고 메말랐던 땅과 초목에게 골고루 생명을 불어넣고 있었다. 숲이 저렇게 속살을 드러내기도 쉽지 않은 일이다. 이제 곧 작은 나라에도 나무와 풀과 새들과 벌레들의 생존을 위한 노동이 시작되리라.

자동차가 들어갈 수 있는 제법 넓은 길을 따라 걷다 보니 길은 사방으로 흩어져 마음을 혼란하게 한다. 허나 늘 그렇듯 마음은 오솔길에 기울어 한껏 게으른 걸음으로 갔다가 되돌아오고 다시 다른 길을 걷다가 되돌아오기를 몇 번, 하지만 여전히 궁금하다. 대체 자전거 주인은 누구일까?

숲 한 바퀴를 돌아 다시 주변을 서성대며 자전거 주인을 기다려보기로 한다. 저 입구에서 한참을 걸어 나가면 논이 있고, 그 논길을 따라 아래로 내려가면 마을로 이어지는 둔덕이 있다는 걸 나는 오래 전부터 알고 있다. 하면 자전거 주인은 아래 밭둑 어딘가에서 산책이라도 하고 있는 걸까? 자물통을 채워둔 걸 보면 가까운 곳에 있을 것 같지는 않다. 그런데 왜 하필이면 아무도 없는 숲에 자전거를 세워둔 것일까, 나의 궁금증은 부풀대로 부풀었다.

한 번도 대면한 적 없는 그들을 상상하며 나는 둔덕 아래로 내려선다. 뒤에서 바스락대는 소리가 신경을 자극했지만 두려움은 곧 사라졌다. 냉이라도 캘 수 있으면 좋으련만 빈 몸 빈손이니 그럴 수는 없을 것 같다.

밭둑을 걷는 동안에도 자꾸만 길 쪽으로 마음이 쏠리는 걸 보니 내가 그들을 기다리고 있다는 걸 부정할 수가 없다. 곧 겨울잠에서 깬 어린 싹들이 일제히 손을 잡고 수직으로 솟구쳐 오를 때이다. 벌써 발 밑에 보랏빛 여린 촉들은 한 일주일 면도

조팝꽃, 연록의 새순, 민들레, 봄은 이렇게 대지를 찾아온다.

하지 않은 턱수염만큼 자라 있다. 이제 막 세상으로 소풍 나온 제비꽃이다. 저 여린 싹들에게선 당연히 세상의 풍파는 찾아볼 수 없다. 한쪽에는 찔레나무에 새순이 돋고, 한쪽에선 민들레가 피고, 모두 그렇게 수선스럽지 않게 속삭이듯 피고 있다. 나는 숲 걷기를 자연의 초대라 믿는다. 그러니까 매일 나는 자연으로부터 초대장을 받고 사는 사람인 것이다.

한참 후에 나타난 사람은 젊은 부부였다.

"저쪽 숲 끝에 개나리, 목련이 하도 예뻐서 길을 따라 가봤는데, 노부부가 두 마리 강아지와 살고 있는 집이 있더군요. 조용조용 마당을 기웃거리다 개가 짖는 바람에 들켜서 차까지 한 잔 얻어 마시고 이런저런 이야기 나누다 자전거 생각이 나서 말이죠…"

　그러고 보니 그 숲으로 드는 길 끝, 후원에 백목련 꽃으로 뒤덮인 지붕 낮은 낡은 집 한 채를 본 기억이 있긴 했다. 여름 같았으면 숲에 가려 집이 있는지 구분조차 어려울 것이지만, 아직 이파리가 나오지 않은 빈 숲에서도 그 집은 간신히 낮은 함석지붕만 보여줄 뿐이었다. 나는 상상을 접고 바퀴를 굴리며 숲 저편으로 사라지는 두 사람을 넋을 놓고 바라보았다. 봄 햇살에 잠시 신기루를 본 것만 같았다.

　나는 동쪽 숲으로 난 조붓한 길이 낡은 집으로 향한다는 걸 알고 무작정 그 집이 좋아졌다. 주인이 누군지, 식구는 몇이나 되는지, 주인 내외도 자전거를 타는지, 닭을 기르는지, 칠면조를 기르는지, 아침이면 우유가 배달되는지, 무슨 신문을 읽는지, 나는 별의별 것이 다 궁금했다. 돌아 나올 때 보니 이 좋은 날 집은 강아지와 피는 꽃에게 맡기고 주인은 어디로 출타한 듯 대문에 빗장이 걸려 있다. 나는 마른 나뭇가지를 꺾어 땅바닥에 몇 자 쓰기 시작했다.

　"아름다운 집, 제가 그렇게 꿈꾸던 집을 여기서 보는군요. 이 뜰 안의 봄꽃처럼 당신의 삶도 그렇게 피겠지요. 순결한 목련과 수선화는 이 집 안주인을 닮았을 테고요. 이 집에서 삶을 누리는 당신의 생이 얼마

이제 막 피어오르는 봄, 잎의 전령이 숲을 가득 채우고 있다.

나 큰 축복인지 당신은 알고 계신지
요. 부디 축복의 시간 오래 누리시기
를….”

　바닥에 몇 자 쓰는 동안 새소리, 바
람소리가 스쳐갔고 온갖 꽃들이 내
글을 훔쳐봤을 테니 주인에게 전달되
지 않아도 상관없는 일이었다. 나는
다음을 기약하고 숲을 빠져 나왔다.
오래 잊히지 않을 숲 속의 길, 목련에

이 길을 홀로 걸을 때 시 한 구절 암송하지 않을
사람은 없을 것이다.

둘러싸인 집 한 채를 그곳에 두고 계속 걸었다. 나는 원래 누구를 이기거나 앞서려
는 욕구 같은 것은 없다. 그러니까 사람과의 경쟁에 흥미를 잃은 것은 자연에 눈을
뜨면서였다. 걷기를 통해 나는 좀 더 먼 곳보다 가까운 사물을 구체적으로 보기를
원했고 저 길이 끝나 언덕에 서면 또 그 끝에 기다리고 있을 마을과 푸른 풀밭을 상
상하며 앞으로 나아가는 일이 그토록 즐거울 수가 없었다.

　걷는 일은 인간의 탄생과 동시에 이루어진 최초의 동작이다. 걷다 보면 몸이 속도
를 감지하게 되고 그 속도가 곧 자연의 속도라는 것을 인식하는 일은 오히려 자연스
럽다. 그것은 걷는 의식의 속도라기보다 몸이 요구하는 속도여서 그 같은 몸의 요구
에 따르다 보면 마음이 따르는 일은 시간문제이다.

　봄의 꽃 소식이 남쪽에서부터 온다면, 단풍 들고 잎 지는 가을은 북쪽으로부터 온
다. 이것은 시간의 흐름으로 보면 지극히 민감한 우리 몸의 리듬과 유사하다. 봄에
개화하는 꽃을 따라 북쪽을 향해 걸어보면 그 걷는 속도와 꽃 피는 속도가 같고, 가

을에 단풍이 북쪽에서 남쪽으로 이동하는 속도도 이와 같다고 한다. 걸으면서 느끼는 우주만물의 소생과 소멸에 대한 크고 작은 소통. 이렇듯이 자연과 소통하는 일은 세상을 바로 보고 이해하고 그리고 화해하는 것이라 믿게 되었다.

걷는 것은 느림을 실천하는 가장 기초적인 동작이다. 그것은 결과에 집착하는 현대인들의 속도에 편승하는 것이 아니라 순간순간 과정에 의미를 두는 사고를 키운다. 아무리 빠른 사람이라도 한 시간의 보행으로 이동할 수 있는 거리는 얼마 되지 않는다. 중요한 것은 같은 시간에 긴 구간을 이동하기보다는 짧은 구간을 멈추지 않고 꾸준히 이동하는 것이다. 나의 경우는 보폭은 짧고 느린 대신 쉬지 않고 천천히 그리고 꾸준히 걷는 것을 택했고 혼자 누리는 완전한 고독 또한 이러한 걷기를 통해 알게 되었다. 나는 숲 속에 없는 듯 있는 좁은 길을 좋아한다.

그러나 그 길은 얼마나 많은 발자국이 남긴 결과물인가, 걸을 때 시간은 초 단위로 감지된다. 바퀴를 선택하면 두 다리로 직립보행을 했을 때와는 상대가 안될 만큼 빠르지만 그렇게 번 시간은 그렇게 소모될 확률이 높다. 알뜰하게 두 발로 걷는 한 순간의 일보가 중요한 이유는 이 이외에도 많다.

다시 한 시간째 칠보산 소나무 숲을 걷는다. 한 남자가 저만치 앞서 걷고 있다. 그의 등엔 작은 가방이 매달려 있고 그도

누구라도 저 숲에서는 풍경이 된다.

나처럼 무릎관절이 안 좋은지 오른손엔 스틱이 들려 있다. 운동기구가 있는 곳에 이르면 허리 돌리기와 윗몸 일으키기를 5분 정도 하고 빈 의자에 앉아 쉬다가 소나무에 등을 기대 기지개를 켜고는 다시 걸었다. 언제부턴가 그가 쉴 때면 나도 쉬게 되고, 그와 간격이 좁아지면 내 걸음도 자동으로 느려져 시종 일정한 거리가 유지되었다. 나는 결코 그를 앞지를 생각 같은 것은 없었고 그렇다고 그의 뒷모습을 놓치지 않으려는 의도도 없었다. 그런데 계속 그와 보폭을 맞추고 있지 않은가.

나는 걷는 동안 그가 어떤 생각을 하며, 어떤 나무에 눈길을 주며, 어떤 풀잎의 향기를 맡고, 어떨 때 하늘을 쳐다보는지, 가끔은 그의 얼굴이며 나이, 하는 일과 저 장난기 섞인 걸음은 어디서 비롯된 것인지, 눌러쓴 모자와 안경 속에 감추고 있는 눈빛은 얼마나 빛나고 진지한지, 아니면 장난스러운지 궁금했다. 그러나 내가 소나무 아래에 등을 펴고 누워 흘러가는 구름에 마음 빼앗기다 정신을 차리고 보니 그는 없고 남은 것은 소나무 숲과 꾸물거리며 기어가는 듯한 좁은 길뿐이다.

갑자기 빗방울이 떨어졌다. 빗물 스민 웅덩이에 몰려다니는 노란 송홧가루가 바닥을 떠도는 구름 같고 꽃 같다. 소나무와 층층나무에 떨어지는 빗소리가 가려운

식탁에 앉아 보리밭을 볼 수 있는 저 집의 가족들은 얼마나 행복할까.

등을 긁어줄 때만큼 다정하다. 완전한 선택은 온전히 던져 맡기는 것이라 했던가, 등에 진 가방과 스틱을 바닥에 내려놓고 다시 쉰다. 비를 마중하기 위해 그 숲에 온 사람처럼 조용히 빗소리를 듣는다. 평화롭다. 여름 숲은 모두 평등하게 아름답다. 피고 짐도, 더하고 덜함도 없이 다 같이 푸르기 때문이다. 그렇다면 겨울 숲도 마찬가지가 아닌가, 모두 함께 벗은 아름다움이니.

걷기에 집착할 때가 있었다. 걷는다는 것은 누구든 자신의 내면을 들여다보게 하고 안락을 좇아 살던 몸의 한계를 극복하고 해방감을 만끽하는 것, 많은 이들이 원하는 것도 결국 이 같은 몸의 수행을 통해 보다 높고 깊은 영적 세계에 도달하는 것은 아닌지. 지치고 힘들수록 정신은 절대의 존재, 신(神) 가까이 있다고 믿는 것처럼, 산책을 통해 멀고 높은 세계를 꿈꾸는 이유도 여기에 있다.

칠보산은 수원 서쪽에 있는 산으로 수원시와 화성군의 경계에 있다. 예로부터 7가지 보물(산삼, 맷돌, 잣나무, 호랑이, 사찰, 장사, 금)이 많다고 하여 칠보산이다. 해발 234m로 2곳으로 나누어지는 등산코스는 완만하고 소나무가 울창하여 노약자와 어린아이를 동반해도 무리가 없다. 특히 솔숲에 이는 바람소리를 들으며 저 멀리 바람보다 빠른 KTX가 지나가는 것을 볼 수도 있고 낙조를 감상하며 산행보다는 산책의 느낌으로 걷기에 좋은 곳이다. 산책로는 음습한 잡목의 방해나 불편한 길이 거의 없고 사찰 주변과 그 밖에 걷기 좋은 코스들이 산재해 있다.

■ **가는 길**
수원역에서 13번, 13-1번, 13-2번, 13-5번을 타고 LG빌리지 앞에서 하차. 약 20분 정도 소요.

■ **문의**
한국관광공사 : www.visitkorea.or.kr

그·곳·에·가·면

≫ 칠보산

높이 238m이다. 화성시 북동쪽에 있으며 화성시와 안산시·수원시와 경계를 이룬다. 예로부터 산삼·맷돌·잣나무·황계수탉·호랑이·사찰·장사·금의 8가지 보물이 많아 팔보산으로 불리다가 황계수탉이 없어져 칠보산이 되었다는 전설이 있다. 정상을 비롯하여 군부대가 있는 234m봉, 잠종장 뒤의 185m봉, 개심사 뒤의 165m봉, 오룡골 뒤의 187m봉 등 5개의 봉우리가 있고, 개심사·용화사·무학사·여래사·칠보사·일광사 등 6개의 사찰이 있다.

≫ 팔보산이 칠보산이 된 사연

칠보산에서 그리 멀지 않은 곳에 장씨라는 한 장사꾼이 살고 있었다. 어느 날 장서방이 장사를 마치고 동료들을 만나기로 한 주막으로 바삐 갔지만 만나기로 한 동료들은 이미 칠보산으로 떠난 뒤였다.

장씨는 길을 재촉했으나 산속은 이미 칠흙 같은 어둠에 휩싸였다. 게다가 칠보산의 비틀치 고개는 도적떼가 들끓는 곳으로 유명한 곳이었다. 장씨는 부들부들 떨면서도 비틀치를 무사히 빠져나갔다. 장씨가 한숨을 돌리며 잠시 쉬는 사이 어디선가 닭 울음소리가 들리는 듯 했다. 장씨는 이 밤중에 웬 닭 울음소리인가 싶어 다시 귀를 기울였다. 그런데 닭 울음소리가 전보다 크게 들리는 것이 아닌가. 장씨는 소리의 진원지를 향해 조심스럽게 다가가 보았다. 그랬더니 정말로 닭 한 마리가 샘에 빠져 허우적거리고 있었다. 장씨는 두 팔을 벌려 허우적거리는 닭을 잡아들었다. 그런데 놀랍게도 그 닭은 황금 닭이었다.

순간 장씨는 이것이 팔보산의 8가지 보물 중 하나라는 것을 직감했고, 얼른 닭을 보자기에 싸고 가던 길을 재촉했다.

한참 가다 발견한 주막에서 장씨는 누가 황금 닭을 볼세라 꼭꼭 숨겼지만, 장씨 스스로도 다시 확인하고 싶은 마음에 잠을 이룰 수가 없었다. 그래서 황금 닭을 싼 보자기를 풀어보았다. 그러나 장씨는 주모가 자신의 방을 엿보리라곤 생각지 못했다.

주모는 비틀치 도적떼와 한통속이었고, 비틀치 도적떼의 두목에게 장씨가 황금 닭을 가지고 있다는 것을 일러주었다. 장씨 또한 비틀치 도적떼가 주막에 들이닥치자 '걸음아, 날 살려라' 하고 도망쳐서 겨우 겨우 목숨을 구하긴 했지만 끈질긴 도적떼의 추격에 결국 황금 닭을 빼앗기고 목숨도 잃고 말았다.

장씨가 죽은 후 도적떼 두목이 황금 닭을 잡으려 하자 갑자기 하늘에서 천둥번개가 내리쳤다. 그리고 황금 닭이 하늘을 향해 목청껏 울더니 보통 닭으로 변한 채 죽고 말았다. 놀란 도적들은 혼비백산하여 도망을 가고, 그 후부터 1가지 보물을 잃은 팔보산은 칠보산이라 불리게 되었다고 한다.

산책하기 좋은 곳으로 치면 화성군에서 융건릉을 따를 곳이 없다.

용주사와 융건릉

산벚꽃 피는
숲으로 갈까요?

어머니 품에 품고 지켜준 은혜

해산 때 고통을 이기시는 은혜

자식을 낳고 근심을 잊는 은혜

쓴 것을 삼키고 단것을 먹이는 은혜

진자리 마른자리 가려 누이는 은혜

젖을 먹여 기르는 은혜

손발이 닳도록 씻어주시는 은혜

먼 길을 떠났을 때 걱정해 주시는 은혜

자식을 위하여 나쁜 일을 감당하시는 은혜

끝까지 불쌍히 여기고 사랑해 주시는 은혜

용주사와 융건릉

　한때, 문턱이 닳도록 드나들던 사찰이 바로 용주사다. 그러나 한 이태 용주사에 가지 못했다. 사는 일이 분주해서라기보다는 일상에 묶여 용주사를 잊고 있었던 것이다. 나를 다시 용주사에 가게 한 것은 TV에서 부모를 해한 어느 못난 아들에 대한 보도를 접하고 나서였다. 아무리 무능하기로서니 아버지를 상습 구타한 그를, 나는 제 정신이 아니라 믿고 싶었다.

　그리고 얼마 후 나는 용주사 경내를 걸었다. 용주사는 한때 내게 시와 삶을 가르쳐준 스승께서 자주 가시던 고찰이었다. 스승과 나는 저녁 무렵이나 달뜬 밤 그곳 경내를 걸으며 세상의 단 소리 쓴 소리는 물론 조지훈의 시 '승무'를 멋지게 암송하기도 하였는데, 내 불찰이지만 언제부턴가 스승께서도 발길을 끊고 나도 가지 못했다.

아기자기한 건축미를
자랑하는 '용주사' 별채들.

내게 문학을 가르쳐 주시던 스승은 조지훈 선생으로부터 가르침을 받으셨다고 한다. 나도 스승도 용주사를 좋아하게 된 배경에는 바로 조지훈이라는 큰 시인이 있었다. 시인 조지훈, 그의 시작노트에도 시 '승무'의 배경이 되었던 절 용주사는 잘 서술되어 있다.

얇은 사 하이얀 고깔은/고이 접어서 나빌레라.//파르라니 깎은 머리/박사 고깔에 감추오고/두 볼에 흐르는 빛이/정작으로 고와서 서러워라./빈 대에 황촉불이 말없이 녹는 밤에/오동잎 잎새마다 달이 지는데/소매는 길어서 하늘은 넓고/돌아설 듯 날아가며 사뿐히 접어 올린 외씨보선이여!//까만 눈동자 살포시 들어/먼 하늘 한 개 별빛에 모두오고/복사꽃 고운 뺨에 아롱질 듯 두 방울이야/세사에 시달려도 번뇌는 별빛이라.//휘어져 감기우고 다시 접어 뻗는 손이/깊은 마음 속 거룩한 합장인 양하고//이 밤사 귀또리도 지새우는 삼경인데/얇은 사 하이얀 고깔은 고이 접어서 나빌레라.

승무(僧舞)/조지훈(趙芝薰 ; 1920~1968년)

내가 참 승무를 보기는 열아홉 살 적 가을이었습니다. 그 가을 어느 날 수원 용주사(龍珠寺)에는 큰 재(齋)가 들어 승무 외에도 몇 가지 불교전래의 고전음악이 베풀어지리라는 소식을 거리에서 듣고 난 나는 그 자리에서 수원으로 내려가지 않을 수가 없었습니다. 그 밤 나의 정신은 온전한 예술 정서에 싸여 승무 속에 용입되고 말았습니다.

재가 파한 다음에도 밤늦게까지 절 뒷마당 감나무 아래서 넋 없이 서 있는 나를 깨닫지 못하였습니다. 지금도 그렇지만 나는 시정(詩情)을 느낄 땐 뜻 모를 선율이 먼저 심금에 와 부딪치는 것을 깨닫습니다. 이리하여 그 밤의 승무의 불가사의한 선율을 안고

서울에 돌아온 나는 이듬해 늦은 봄까지 붓을 들지 못하고 지내왔었습니다. 춤을 묘사한 우리 시가로 본보기가 될 만한 것이 아직 없을 때라 나에게는 오직 우울밖에 가중되는 것이 없었습니다. 이와 같이 한마디의 언어 한 줄의 구상도 찾지 못한 채 막연한 괴로움에 싸여 있던 내가 승무를 비로소 종이 위에 올리게 된 것은 내 스무 살 되던 해의 첫여름의 일입니다. 예술전람회에 갔다가 김은호의 『승무도』 앞에 두 시간을 서 있은 보람으로 나는 비로소 무려 78자의 스케치를 가질 수 있었습니다.

— 조지훈의 『시의 원리』(珊瑚莊刊, 1956년) 중에서 —

나는 누군가에게 모를 죄송한 마음으로 양편에 나란히 서있는 선돌을 따라 절 안으로 들어섰다. 일주문을 대신한 첫 선돌에는 '도차문래 막존지해(到此門來 幕存知解 ;이 문에 들어서는 순간 마음을 허공과 같이 비우라.)' 라는 글귀가 씌어 있었다. 입구에서 삼문각까지는 수십 개의 고만고만한 크기의 선돌이 있고, 그 배경엔 용주사의 산증인인 거목들이 고찰의 역사를 말해주고 있었다. 보통 사찰이라면 사천왕문이 있었을 텐데 용주사에는 '삼문각'이 있었다.

어느 사찰이든 다짜고짜 처음부터 부처님을 뵙기는 어려운 법, 몇 개의 계단과 문을 통과해야 가능한데 이곳 용주사도 마찬가지다. 삼문각을 들어서면 왼편으로는 범종이 있고 맞은편으로는 미끈하고 잘생

처마와 처마가 서로 맞닿을 듯한 지붕,
그 경내를 걷는 스님.

법당에서 신도가 정성스럽게 예불을 드리고 있다.　　사월 초파일을 앞두고 절 마당 가득 연등이 걸려있다.

긴 7층의 석조사리탑을 볼 수 있다. 석탑 뒷면으로 6개의 돌기둥이 지탱하고 있는 건물이 보이는데 이것이 바로 2층으로 된 목조누각 '천보루(天寶樓)'이다. 때마침 '부처님 오신 날'을 봉축하기 위해 수많은 연등이 방문자를 맞고 있었다. 아이들은 하늘을 뒤덮은 울긋불긋한 연등에 신이 난 듯 소란을 피우며 경내를 뛰어다녔으나 아무도 제지하는 사람은 없다. 절 마당은 부처님 품안이니 모두 즐겁게 놀아도 좋다는 의미일까.

저 많은 연등이 불을 밝히면 밤의 용주사는 가히 장관일 것이다. 천보루를 등지고 올라서면 곧 대웅전이 나타나는데 우측 화단의 회양나무는 200년 전 정조가 심은 나무로 알려져 있다.

용주사에서 눈 여겨 볼만한 것은 김홍도의 그림으로 전해지는 대웅전 후불탱화이다. 이는 우리나라 최초로 탱화에 서양화기법을 도입한 예이며, 범상치 않은 음영이 살아있는 독특한 그림세계를 보여주는데 정조는 용주사를 건축하면서 당대 최고 화가인 김홍도를 불러 이 탱화를 그리게 했다고 한다.

그러나 항간에는 이것을 두고 '진품이다, 아니다'를 말하는 사람도 있지만 용주사에 들렀다면 반드시 살펴보아야 할 그림이다. 이 밖에도 부속건물과 행랑채들이 많은 편인데 이들 모두 독특한 건축양식을 보여준다. 여러 행랑채마저 둘러보았다면 송림 우거진 후원도 놓치지 않았으면 좋겠다.

이 절은 원래 신라 문성왕 16년(854년)에 창건된 갈양사로 청정하고 이름 높은 도량이었다. 그러나 병자호란 때 소실된 후 폐사 되었다가 조선시대 제22대 임금인 정조(正祖)가 아버지 사도세자의 능을 화산으로 옮기면서 절을 다시 일으켜 원찰로 삼았다.

젊디 젊은 28살에, 부왕에 의해 뒤주에 갇혀 8일 만에 숨을 거둔 사도세자의 혼이 구천을 맴도는 것 같아 괴로워하던 정조는 보경 스님으로부터 부모은중경(父母恩重經) 설법을 듣고 감동하였다. 그래서 부친의 넋을 기리기 위해 사찰을 세울 것을 결심하고, 양주에 있던 부친의 묘를 천하제일의 복지(福地)라 하는 화산으로 옮겨와 현릉원(뒤에 융릉으로 승격)이라 명하였다. 그리고 보경 스님을 팔도도화주로 삼아 이곳에 절을 지어 현릉원의 능사(陵寺)로서 비명에 숨진 아버지 사도세자의 능을 수호하고 명복을 빌게 하였다.

낙성식 날 저녁, 정조의

담장 너머로 스님들이 기거하시는 별채 건물의
단아한 지붕이 눈에 들어온다.

꿈에 용이 여의주를 물고 승천했다 하여 용주사라 이름 짓고, 그로 인해 효심의 본찰이 되었다.

경내엔 갈양사의 유물인 7층 석조사리탑과 천보루가 있고, 안으로 들어서면 대웅보전과 석가삼존불이 있으며, 그 뒤쪽에 후불탱화가 있다. 이 밖에 당우로는 시방칠등각, 호성전, 명부전 등이 있고, 주요 문화재로는 국보 제120호인 용주사 범종이 있으며, 정조의 효심에서 발원 제작한 『불설부모은중경판』이 있다.

나는 사월 초파일을 앞두고 스승께서 좋아하시던 승무를 생각했고, 지금은 안 계시는 부모님을 추억하며 '부모은중경'을 다시 한 번 마음에 새기고 싶었다. 『불설대보부모은중경』이라고도 하는 이 경은 부모의 은혜가 얼마나 크고 깊은가를 구체적으로 가르쳐주고 있다. 어머니 품에 품고 지켜준 은혜, 해산 때 고통을 이기시는 은혜, 자식을 낳고 근심을 잊는 은혜, 쓴 것을 삼키고 단것을 먹이는 은혜, 진자리 마른자리 가려 누이는 은혜, 젖을 먹여 기르는 은혜, 손발이 닳도록 씻어주시는 은혜,

양편으로 일주문을 대신한 선돌 뒤로 오색의 연등이 걸려있다.

용주사를 가면서 융건릉을 모른다 할 수는 없다. 산책하기 좋은 곳으로 치자면 화성군에서 융건릉을 따를 곳은 없다. 융릉은 장조(사도세자)와 경의왕후 혜경궁 홍씨의 능이고, 건릉은 조선 정조와 효의왕후 김씨의 능이다. 불과 11살의 나이에 아버지가 뒤주에 갇혀 죽임을 당한 것을 목격한 어린 정조의 심정은 어땠을까?

당쟁의 희생양으로 죽음에 이른 사도세자의 능은 본래 동대문 밖에 있었으나 1789년 지금의 자리로 옮겨졌다.

융건릉 입구 매표소를 지나면 바로 앞에 두 갈래길이 나오는데 좌측은 건릉이고 우측은 융릉이다. 융릉에서 건릉으로 이어지는 이 길은 누구에게든 추천하고 싶은 길이기도 하다. 산책자를 위해 중간에 샛길 2개가 있긴 하지만 걷기를 원한다면 어느 코스를 택해도 상관없다. 크게 한 바퀴를 도는 데는 보통 걸음으로 약 1시간 정도가 소요된다. 이 길은 완만한 언덕과 산길로 이어지고 전 구간이 울창한 침엽수와 활엽수로 덮여 있어 자연의 품안을 걷는 푸근함을 만끽할 수 있다.

숲은 병원균·해충·곰팡이에 저항하려고 내뿜거나 분비하는 물질로 항균효과와 살균작용이 뛰어난 피톤치드(Phytoncide) 성분으로 삼림 속 산책은 무거운 머리를 맑게 씻어주고 기분을 가라앉히는 데 탁월한 효과가 있다고 하지 않던가.

중간 나무벤치에 앉아 쉬다 보면 청설모나 다람쥐를 자주 만나기도 한다. 군데군데 산불 감시초소가 있고 물을 담아둔 간이 집수조를 볼 수가 있는데 이는 만일의 경우를 위한 대비이다. 햇살이 좋은 날은 나무 향기와 함께 일광욕하기에도 좋다. 산책 시기는 산벚꽃이 피고 나무에 물이 오르는 4월과 단풍이 고운 10월이 좋지만 어느 때라도 하늘을 가려줄 충분한 숲이 있어 걷고 쉬는 데는 상관없다.

그러나 시간에 쫓기는 사람은 산 속을 걷는 긴 코스는 그만 두더라도 마음을 후련히 비울 수 있는 융릉에서 건릉 구간만이라도 걸어보기를 권하고 싶다. 하늘을 찌를 듯한 숲 사이로 조용히 사색하며 걷는 재미는 직접 걸어보지 않고서는 맛볼 수 없는 묘미이다.

좋은 여행은 같은 곳을 보더라도 매번 다른 것을 보되 보는 것에 만족하지 않고 배우고 느끼는 것으로 이어지는 것을 말함이 아니던가. 명당 중 명당에 자리를 잡은 융건릉은 근처 용주사와 함께 반드시 둘러볼 명소에 속한다. 특히 역사공부와 자연학습을 겸할 수 있는 이곳은 어린아이들을 동반한 가족 나들이 장소로도 적격이다.

■ **가는 길**

수원IC → 융건릉은 20km → 신갈IC부터 북수원IC → 용주사 → 융건릉
수원역에서 시내버스 수시로 운행

■ **문의**

한국관광공사 : www.visitkorea.or.kr
수원시청 : www.suwon.ne.kr
융건릉 안내소 : 031-223-8364

그.곳.에.가.면

>>> 융건릉

융릉은 장조(사도세자)와 경의왕후 혜경궁 홍씨의 능이고, 건릉은 조선 정조와 효의왕후 김씨의 능이다.

5백 10만 평 규모의 융건릉은 사전 제206호로 경기도 화성군 태안읍 안녕리 산 1-1번지에 위치하고 있다.

짙은 소나무와 상수리 나무로 울창한 숲을 이루고 있는 융건릉은 여느 왕릉과는 달리 그 경치가 매우 빼어나다. 특히 화성팔경의 제1경으로 꼽힐 만큼 융건백설 즉 융건릉 전역에 빽빽히 들어선 노송이 백설에 덮힌 광경은 세인들의 마음을 무아지경으로 빠져들게 할 정도라고 하니 장관이라 할 만하다.

융건릉은 융릉과 건릉을 한데 아울러 부르는 것으로서 2곳 다 합장릉이고 화산의 서남쪽 건릉은 서북쪽 기슭에 들어 있어 모두 서향이다.

>>> 용주사

일제강점기 때는 31본산의 하나였는데, 이곳에는 원래 854년(신라 문성왕 16년)에 세운 갈양사가 있었다. 952년(고려 광종 3년)에 병란으로 소실된 것을 조선 제22대 정조가 부친 장헌세자의 능인 현릉원을 화성으로 옮긴 후, 1790년 갈양사 자리에 능사로서 용주사를 세우고 부친의 명복을 빌었다.

당시 이 사찰을 세우기 위하여 전국에서 시주 8만 7천 냥을 거두어 보경으로 하여금 4년간의 공사 끝에 완공하게 하였는데, 낙성식 전날 밤 용이 여의주를 물고 승천하는 꿈을 꾸고 용주사라 부르게 되었다고 전한다. 창사와 동시에 팔로도승원을 두어 전국의 사찰을 통제하였으며, 보경에게는 도총섭의 칭호를 주어 이 사찰을 주재하게 하였다.

경내에는 이 사찰의 전신인 갈양사의 유물인 7층의 석조사리탑과 6개의 돌기둥으로 지탱하고 있는 천보루가 있는데, 그 안에 들어서면 대웅보전과 석가삼존불이 있다. 그 뒤쪽의 후불탱화 역시 석가와 여러 보살 및 10대 제자상들인데, 이를 김홍도의 그림이라고도 하나 확실한 근거는 없다.

이 밖에 당우로는 시방칠등각, 호성전, 독성각, 명부전 등이 있다. 주요문화재로는 국보 제120호인 용주사 범종이 있으며, 정조가 이 절을 창건할 때 효심에서 발원, 보경을 시켜 제작한 『불설부모은중경판』이 있다.

숲길

걸으면서 꿈꾸는 하루, 나무를 떠난 꽃잎들은 아주 잠시지만 여전히 바닥의 삶도 아름답다고 전한다.
허나 역시 절정이 절정인 것은 짧기 때문일 것이다.

수원 화성

시간을
거슬러 가는 산책

무겁고 칙칙한 겨울이 가면 봄은
사뿐히 거짓말처럼, 아니 혁명처럼 온다.
그러나 봄은 누구에게나 조금은 과장되고
유치하지만 사랑스럽다.
그리고 단순하고 유치하지 않으면
행복해질 수 없다고 가르친다.
천박하고 유치한 기쁨이 우리에게 주는 것은
고맙게도 낙천성과 행복이다.

수원 화성

화성 주변으로 흐드러지게 핀 벚꽃.

눈에 덮인 겨울 화성, 고즈넉한 분위기가
더하다.

　지난주만 해도 벚꽃 잔치는 절정이었다. 누군가
세상의 빛들을 모아 매달아 놓은 듯한 그 화사함이
란, 그러나 꽃눈들은 잠시 허공에 처소를 삼더니
이내 약속이나 한 듯 공중의 거처를 떠나고 없다.
　지상으로 떨어지는 꽃잎은 방향도 없이 나풀거
리다가 시간의 결을 어루만지듯 낙화했지만, 낙
화하는 꽃잎을 보며 허무를 노래하는 사람은 없다.
　꽃눈 흩날리는 거리에서 연인들은 사랑을 고백하고 푸른 미래를 꿈꿀 뿐이다. 어
쩌면 그 꿈들이야말로 다음해 피어날 새로운 꽃일지도 모른다.
　떨어진 꽃잎에게 물어보지 않아도 안다. 지금 가장 아름답고 화사한 것은 바닥
이다. 꽃이 아니라면 감히 누군들 바닥을 하늘보다 화사하다고 말할 수 있겠는가,
나는 지난주 내내 벚꽃 화사한 경기도청사 주변과 화성 일대를 밤늦도록 걸었다.
걸으면서 꿈꾸는 하루, 나무를 떠난 꽃잎들은 아주 잠시지만 여전히 바닥의 삶도
아름답다고 전한다. 허나 역시 절정이 절정인 것은 짧기 때문일 것이다.
　벚꽃이 마감하면 철쭉과 영산홍 차례다. 아무리 봐도 친해질 수 없는 순정을 잃
어버린 듯한 저 유치함과 천박함, 나는 언제부터인가 왜 신이 저와 같은 색을 만

들었는지 궁금해 하지도 않는다. 보다 순수
하고 아름다운 색감을 느끼라고 저렇게 막무
가내로 현란한 색도 만든 게지, 그게 내 빈곤
한 상상력의 한계이다.

하늘로 날아가는 새들은 저토록 자유롭다.

　무겁고 칙칙한 겨울이 가면 봄은 사뿐히 거
짓말처럼, 아니 혁명처럼 온다. 그러나 봄은
누구에게나 조금은 과장되고 유치하지만 사
랑스럽다. 그리고 단순하고 유치하지 않으면
행복해질 수 없다고 가르친다. 천박하고 유
치한 기쁨이 우리에게 주는 것은 고맙게도
낙천성과 행복이다.

　아이들과 나란히 화성을 걷게 된 것은 큰 딸
이 걸음마를 배울 때부터였다. 양손에 매달려
걷던 아이들의 키가 허리만큼 자라고 가슴만
큼 아니 어깨와 눈높이를 지나치더니 내 키를
훌쩍 지나쳐버린 지금도 화성은 딸과 함께 걷
는 곳이다. 나는 화성을 걸으며 어린아이에서
성년으로 자라는 두 딸을 지켜보았고, 아이들
은 화성의 소나무처럼 꿋꿋이 키를 늘리며 저
마다 나아가야 할 비전을 설계하곤 했다.

이 문을 들어서면 '서장대'가 기다린다.

젊었을 때, 내 소망은 두 딸이 자라 지구의 먼 저편까지 손을 잡고 함께 걷는 것
이었다. 이제는 어느덧 친구가 되어버린 아이들을 앞세워 아름다웠던 과거를 추억
하며 걷는 화성.

몇 번 방문으로는 도저히 친해질 수 없었던 만리장성의 한 모퉁이를 생각하다가
혼자 미소를 짓는다. 다시 만리장성을 걸을 수 있다면 그건 우리의 아름다운 성을
확인하는 일에 지나지 않을 것이다.

수도권에 위치한 경기도 소재지면서도 달뜨지 않은 깔끔하고 정적인 곳을 꼽으라
면 주저 없이 수원을 꼽는다. 고풍스러움과 동시에 느껴지는 안정감은 이 도시의 매
력으로 꼽을 수 있다. 특히 수원 화성
이 가지고 있는 건축미는 역사적 배경
과 아울러 볼수록 친근감을 더해준다.

전체적인 도시 흐름을 파악하기 위
해선 도시 중심에 자리한 팔달산에
올라보는 것이 우선이다. 팔달산 정

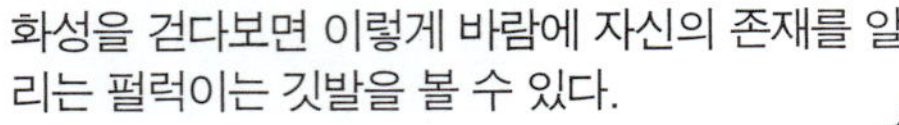

화성을 걷다보면 이렇게 바람에 자신의 존재를 알
리는 펄럭이는 깃발을 볼 수 있다.

화성은 장난감 같은 기차를 타고 돌아 볼 수도 있다.

어디서 이토록 아름다운 우리의 건축미를 또 볼 수 있을까.

상에는 화성의 꽃이라 할 수 있는 서장대가 있으며, 이 서장대를 중심으로 동쪽으로는 수원 시내와 월드컵경기장 지붕의 우아한 날개가 한눈에 내려다보이고, 북쪽으로는 관악산과 광교산이, 남쪽으로는 신도시 영통이 있고, 서쪽으로는 서호(西湖 : 장안구 화서동에 있는 저수지. 면적 0.19km², 수면 면적 0.4km² 둘레 1,900m 수원성의 북쪽에 북호(北湖)가 있기 때문에 서호라고 하였으며, 낙조(落照)가 아름다운 곳으로 유명하다. 예로부터 부근 농경지의 관개용수로 이용되었으며, 농촌진흥청과 서울대학교 농과대학의 실습답을 비롯하여 수원 평야 등 30만 평의 논에 물을 공급)와 경부선과 장항선 기차가 들고나는 수원 역사가 한눈에 들어온다.

서장대로 오르는 길은 사방이 열려 있다. 시내 중심인 남문 쪽은 물론 서문 쪽으로도 가능하다. 남서쪽 경기도청사 후문 방향에서 길을 잡아 팔달산을 걷기로 했다면 소나무 숲에 마음을 빼앗기는 것은 시간문제이다. 오르다가 관광안내소, 매점, 화장실이 있는 아담한 건물을 만나면 아무리 급한 사람이라도 쉬어 가는 게 좋다. 그곳뿐만 아니라 수원의 모든 공중 화장실은 그냥 볼일만을 위한 장소가 아니기 때문이다. 화장실에 앉아서 유리벽을 통해 수원역을 통과하는 경부선, 장항선, 전라선 기차를 바라보는 재미도 재미려니와, 늦은 오후 서호를 물들이며 지는 일몰은 가히 압권이다. 어떤 여행자는 세계문화유산은 수원 화성이 아니라 수원의 화장실이 되어야 한다는 우스갯소리를 할 정도이다. 우리나라 지방도시는 물론 아시아의 여러 나라에서 화장실 견학을 올만큼 명성이 자자하다.

기왕 팔달산에 올랐으면 군데군데 오솔길을 따라 노송 숲 걷기를 당부하고 싶다. 이곳은 소나무, 산벚나무, 팥배나무 등 각종 활엽수들로 한 시간 정도 오르락 내리락 걸을 수 있는 아기자기한 숲길로 이어진다. 수원 화성은 도심 가운데 자리한 성이어서 많은 이들에게 각광을 받는다.

아름다움이란 역시 조화이다. 그런 면에서 팔달산의 숲은 조화의 극치라고 할 수 있다. 그 어떠한 난장의 자유로움도 서로 조화를 이루며 공생하는 숲.

대책 없이 난삽한 것 같으면서도 그들 안에서 평화롭게 공존한다. 그것은 인위적으로 가꾼 숲일지라도 크게 다르지 않다. 화성을 둘러싸고 있는 노송들은 성 못지않은 가치 있는 자연 유산이다. 낮 시간만으로 아쉽다면 저녁의 화성을 걸어보라고 권하고 싶다. 심야의 화성이야말로 걷기에 더없이 좋은

팔달산 주변에는 송림으로 둘러싼 이 같은 산책로가 많이 있다.

분위기를 갖추고 있다. 지난 봄 대대적인 정비를 마친 화성은 장안문을 중심으로 성을 따라 야간조명이 설치되어 낮과 달리 차분하면서도 환상적인 분위기를 연출한다. 서장대에서 보는 수원 시내 야경은 눈이 부실 정도이다. 꼬리에 꼬리를 물고 길게 사라지는 기차와 소나무 숲 사이로 숙지산이 있는 서북쪽과 서호에 비치는 달빛도 그럴듯하다.

화성의 단아한 매무새.

나 역시 고향은 아니지만 이 도시가 고향처럼 푸근한 것은 두말할 필요도 없이 화성 때문이다. 시간이 갈수록 주변에 건물이 늘어나면서 빚어지는 부조화는 나 혼자만의 불평은 아닐 것이다. 건축물은 미적 감각 뿐 아니라 여러모로 상징적인 의미를 갖는 법인데 우리의 건축문화에서는 그런 배려가 아쉽다.

이 높은 성을 옆구리에 끼고 한가하게 걷는 맛이란….

수원 화성은 유네스코가 지정한 세계문화유산은 아니어도 수도권에 속한 도시로서는 매력 만점이다. 사람들은 수원을 근린시설이 많아 '공원의 도시', 정조의 효심을 기려 '효의 도시'라 부른다. 화성은 서두르면 한나절 다리품으로 볼 수 있지만 그러면 화성의 진면목을 보기 어렵다. 성은 안쪽과 바깥쪽을 둘러보아야 하고, 4대문과 공심돈, 포루, 각루, 망루 등 많은 구조물들을 제대로 보려면 하루 정도는 온전히 투자해야 한다.

화성은 근대 조선 과학의 진수라 해도 과언이 아니다. 조선왕조 제22대 정조대왕이, 선왕인 영조의 둘째 왕자로 세자에 책봉되었으나 당쟁에 휘말려 왕위에 오르지 못한 채 뒤주 속에서 비운의 생을 마감한 부친 사도세자의 능침을 양주 배봉산에서 조선 최대의 명당인 수원 화산으로 천봉한 곳이다. 화산 부근에 있던 읍치를 수원 팔달산 아래 지금의 위치로 옮겨 축성할 때, 규장각 문신 정약용이 동서양의 기술서를 참고하여 만든 『성화주략(1793년)』을 지침서로 삼아 재상을 지낸 영중추부사 채제공의 총괄 아래 조심태의 지휘로 1794년 착공하여 1796년 완공하였다. 축성시 거중기, 녹로 등 신기재를 특수하게 고안하여 장대한 석재 등을 옮긴 것은 다산 정약용의 힘이 컸다.

성곽 전체 길이는 5.52km이며, 동쪽 문으로 창룡문, 서쪽 문으로 화서문, 남쪽 문으로 팔달문, 북쪽 문으로 장안문 등 4대문을 만들었다. 또 암문 4개, 수문 2개, 적대 4개, 공심돈 3개, 봉돈, 포루 5개, 장대 2개, 각루 4개, 포루 5개, 치성 10개

소나무 사이로 노을이 붉게 스러지고 있다.

등의 다양한 구조물을 규모 있게 배치하였다. 그리고 팔달산 아래에는 행궁을 지어 현륭원에 행차하는 임금이 일시 머물 수 있게 제반 시설을 갖추었다.

200년 전 축성시 원형이 비교적 잘 보존되어 있는 화성은 축성의 동기가 군사적 목적보다는 정치, 경제적 측면과 부모에 대한 효심으로 성곽 자체가 효(孝) 사상이라는 동양철학을 담고 있어 문화적 가치뿐 아니라 정신적 가치가 높다. 수원은 화성 외에도 걷기 좋은 코스로 도심 속의 팔달산, 광교산, 칠보산, 서울농대 캠퍼스, 농촌진흥청 임업시험장, 서호 등이 있고 시내 짧은 구간은 관광용 전차를 이용할 수도 있다.

■ **가는 길**
대중교통 지하철 : 서울 → 수원역
서울과 중부, 영동 일부는 1시간 ~ 1시간 30분 소요

■ **문의**
한국관광공사 : www.visitkorea.or.kr
수원시청 : www.suwon.ne.kr

》》 화성(華城)

정조대왕이, 선왕인 영조의 둘째 왕자로 세자에 책봉되었으나 당쟁에 휘말려 왕위에 오르지 못한 채 뒤주에서 생을 마감한 아버지 사도세자의 능침을 양주 배봉산에서 조선 최대의 명당인 수원의 화산으로 천봉한 곳으로, 화산 부근에 있던 읍치를 수원의 팔달산 아래로 옮겨 축성되었다. 화성은 정조의 효심이 축성의 근본이 되었을 뿐만 아니라, 당쟁에 의한 당파정치 근절과 강력한 왕도정치의 실현을 위한 정치적 포부가 담긴 정치 구상의 중심지로 지어진 것이며 수도 남쪽의 국방요새로 활용하기 위한 것이었다.

》》 노송지대

수원시 장안구 파장동에 있는, 오래된 소나무들이 있는 이 길은 1790년경 정조에 의하여 조성된 것으로 전해진다. 노송은 지지대비가 있는 지지대고개 정상으로부터 구 경수간 국도를 따라 약 5km에 걸쳐 늘어서 있다.

1789년 10월 현릉원을 화성군에 있는 화산으로 옮기면서 능을 왕릉의 규모로 조영하고, 이름도 융릉(隆陵)으로 개칭했으며 그 후 자주 이곳을 찾던 정조는 융릉의 식목관에게 내탕금 1,000냥을 하사하여 이곳으로 오는 길을 따라 소나무 500주와 능수버들 40주를 심게 하였다고 하는데 대부분 고사하고 지금은 110주만이 명맥을 유지하고 있다.

》》 수원 씨티 투어

시에서 운영하는 수원 1일 투어 버스가 있다. 수원역과 수원 화성과 광교산을 연계하는 버스로 1일 수회 운영되며 수원역의 관광안내소에서 신청할 수 있다.

》》 주변 가볼 만한 곳

팔달산, 광교산, 서호, 나혜석 거리, 올림픽 공원, 월드컵경기장

저 꼴은 몸으로 어찌 한자리에서 수백 년을 독야청청 할 수 있는지, 어찌 꿈쩍도 않고 세월의 모진 풍상을 견뎌 저토록 맑고 푸를 수 있는지. 그러고 보니 나는 그렇게 잘 생긴 소나무를 어디에서도 본 기억이 없었다.

소광리 금강소나무 숲

소나무 숲에서 듣는 파도소리

소나무 숲에 이는 청량한 바람소리,
눈을 감으니 소리는 쏴쏴~
금세 백사장으로 밀려오는
파도소리를 내고 있었다.
숲에서 듣는 저 형이상학적인 음악소리,
나는 또 한번 소나무 숲이 연주하는
아름다운 자연의 음악에 빠져들었다.

소광리 금강소나무 숲

　이번 여행의 마지막 코스이자 가장 핵심적인 곳은 소광리 금강소나무 숲이다. 얼마 전 발표된 산림청 보고에 따르면, 이대로라면 머지않아 우리나라에 소나무 숲이 없어질지도 모른다는 것이다. 소나무에 병충해가 급속도로 번지고 연이은 대형 산불로 송림이 초토화 될 지경에 이르렀다는 것인데, 소광리 숲은 내 일찍 가보고 싶은 곳이었으나 기회가 없었다. 아니 기억엔 없지만 어쩌면 아주 어렸을 적 몇 번 다녀온 숲일지도 모르겠다.

　울진 읍남 2리 공석에서 하룻밤을 묵고 성류굴과 불영사를 둘러본 다음 서둘러 소광리로 향했다. 전날 급한 마음에 해거름이 되어서 소광리에 도착했는데 반쯤 가자 날이 어두워 되돌아 온 터라 아쉬움이 컸다. 울진읍에서 봉화 방향으로 36번 국도를 따라 해발 691m의 납운재를 넘기 전 광천교 분기점에서 소광리 소나무 숲까지는 13.3km다. 이정표를 따라 광천교 분기점에서 우회전하여 소광천을 끼고 달리자 초입에서 그리 멀지 않은 길가에 초가 두

보는 것만으로도 가슴이 후련해지는 소광리 소나무들.

채가 나타났다. 어설프기 짝이 없는 초가다. 가까이 차를 세우고 보니 팻말이 붙어 있다. TV 드라마 '영웅시대' 세트장이었던 모양이다. 그렇다면 아무개 재벌회장의 생가였단 말인지. 잎갈나무, 상수리나무들이 주류를 이루는 계곡을 따라 5km쯤 가다 보니 얼핏 보아도 예사롭지 않은 소나무들의 도열이 시작되고 있었다. 군데군데 비포장 길을 달려 계곡으로 들어가는 동안 나는 자꾸만 조급해진다. 어디가 소나무 군락지인가? 급한 마음은 가는 길을 한없이 더디게 만들었다.

아침엔 흐려 일출을 놓쳤는데 한낮이 되자 하늘엔 구름 한 점 없었다. 일요일인데도 불영사나 성류굴과는 달리 소광리를 가는 동안 차들은 거의 볼 수가 없었다. 36번 국도 광천교에서 13.3km. 나는 이 거리가 참 멀기도 하고 가깝기도 한 거리라는 것을 거듭 확인하고 있었다. 어제 되돌아간 거리만큼 나는 미진한 상상력을 채울 그 무엇인가를 기대하고 있었는지도 모른다.

금방 나타나리라 예상했던 소나무는 거의 10km를 지나자 조금씩 그 모습을 보여주기 시작한다. 소광천은 그리 깊지는 않지만 천보다는 계곡이라는 말이 더 적합한듯 보인다. 사람도 마을도 뜸한 이곳은 무릉도원도 부럽지 않다. 이 계곡의 특징은 오르막길이 없다는 것이다. 계곡을 따라 놓인 시멘트 다리는 총 22개로 그 중 절반이 수위가 높아지면 물에 잠기는 잠수교라고 했

크고 작은 내가 흐르는 이 계곡은 걸음을 지루하지 않게 하는 마력을 가진 듯하다.

는데 그 말이 실감날 만큼 다리들은 모두가 야트막하여 누가 걸어도 부담이 없다.

소광 1, 2리 마을이 끝나자 비로소 소나무들의 위용이 다르다. 이제부터 본격적으로 금강소나무 숲으로 드는가 싶었다. 숲 입구에서 관리원이 차를 제지했다. 주차장에다 차를 세우고 걸어가야 한다는 것이다. 자동차 통행이 가능하다 해도 걸을 것이므로 당연히 차에서 내렸다. 아저씨의 설명은 친절했다. 한 시간 정도 걸으면 웬만큼 볼 수 있을 거라고 했지만 햇볕이 워낙 뜨거워서 걷기가 쉽지 않을 것 같다. 하지만 걷기가 힘들든 수월하든 그건 크게 문제되지 않을 것이다. 어차피 나는 숲을 즐기러 온 사람이 아닌가. 그것도 한국에서 가장 아름다운 금강소나무 숲을.

숲으로 향하다 보면 계곡에 몸과 마음을 시원하게 적실 수 있는 물이 기다리고 있다.

아직 제대로 비가 오질 않아서인지
계곡의 물소리는 조근조근 속삭이는
듯 했다. 바람이 불었으면 했지만 오르
는 동안은 바람도 기척이 없다. 한낮
산중의 고요를 깨고 발부리에 걸려 돌
굴러가는 소리를 들으며 타박타박 걷
을 뿐이었다. 햇살이 뜨거웠지만 중간
에 크고 작은 나무들이 사이좋게 팔을

'미인송' 이라는 이름에 걸맞게 이곳 소나무들은
미인의 늘씬한 몸매를 닮았다.

벌리고 있어서 무료하거나 힘들 틈이 없다. 언제 저 나무들은 저토록 곧은 몸을 만들
었을까? 약 20m나 되도록 미끈하게 자란 저 소나무들이 '미인송' 이라 불린다는 말
을 이해하기에 많은 시간이 필요하지 않았다.

군데군데 수백 년 된 고목에선 신령한 기운이 그대로 느껴졌다. 예전 우리 조상
들은 누구나 나무에 신이 있다고 믿었다. 그래서 벌목을 할 때도 나무의 혼령이 노
하지 않도록 제를 지내는 것은 물론 누구라도 함부로 숲에서 연장을 휘두르는 법
이 없었다고 한다. 그렇지만 소광리 금강소나무는 아무리 봐도 놀랍고 경이롭다.
저쯤 되면 누군들 우러르지 않을 수 있겠는가. 저 곧은 몸으로 어찌 한자리에서 수
백 년을 독야청청 할 수 있는지, 어찌 꿈쩍도 않고 세월의 모진 풍상을 견뎌 저토
록 맑고 푸를 수 있는지. 그러고 보니 나는 그렇게 잘 생긴 소나무를 어디에서도
본 기억이 없었다.

산의 7부 능선쯤 오르니 거기 왼편 오르막에 늙은 나무 두 그루가 "우린 함께 살

아요"란 이름표를 달았는데 80년 된 참나무가 120년 된 소나무를 떠받치고 비탈에 서 있는 폼이다. 서로 다른 수종이지만 젊은것이 나이든 어른을 공경하는 모습이다. 그들의 공생은 실로 눈물겹다. 길 옆이라 산으로 오르는 임도를 내느라 길을 파헤칠 때 그 나무는 존립의 위기를 느끼기도 했을 터지만 아직은 건강하게 잘 버티고 있어 다행이다.

키 작은 나무 사이로 우뚝 솟은 키다리 소나무가 서로 마주보고 있다.

　더 가고 싶지만 둘이 한몸되어 사는 나무 곁에서 걸음을 멈춘다. 이쯤에서 돌아서는 것이 그나마 다음을 위한 예의이며 변명이 될 것 같아서다. 나는 나무의 표피를 쓰다듬으며 계곡 건너편에 하늘을 찌를 듯 서 있는 나무에서 한동안 눈과 마음을 떼지 못한다. 5월의 숲은 활엽수들이 몸을 부풀리는 시기라 싱그러운 연초록으로 숲이 한결 정감이 가는 때이기도 하다. 계곡이 저만치 멀어지고 가만히 소나무 숲의 노래가 생각나 귀를 세우니 비로소 들리기 시작한다. 소나무 숲에 이는 청량한 바람소리, 눈을 감으니 쏴쏴~ 백사장으로 밀려오는 파도소리다. 숲에서 듣는 저 형이상학적인 음악소리, 나는 또 한 번 소나무 숲이 연주하는 아름다운 음악에 빠져들었다.

　돌아오는 길에도 늘씬한 '미인송'들이 다투어 마중을 나왔다. 무엇을 아름답다, 경이롭다, 말해야 하는지 나는 잠시 고정관념을 바꿀 필요가 있었다. 어제 무리한 산행을 잘 견디고 타박타박 먼지를 일으키며 걷는 내 발에게 감사하며 '미인송'을 뒤로 한다.

소나무 표피에 기생하는 식물들, 자연은 언제나 이렇게 공생한다.

계곡에 발을 담그고 늦은 점심을 먹는다. 즉석에서 뜯은 취나물 몇 장이 식욕을 돋운다. 소찬의 행복이 거기 있었다. 나는 소광천에서 손발을 씻었고 머리를 감았고, 그 물로 끓인 차 한 잔을 마시며 행복을 만끽했다. 자연이 내게 불편을 행복으로 되돌려 준 것이다.

소광리 금강소나무 숲은 '한국에서 가장 아름다운 숲', 그리고 21세기에 보존해야 할 첫 번째 숲'에 뽑힌 곳이다. 수령이 500년 이상 된 소나무가 5그루, 200~300년 생이 8만 그루 등 총 100만 그루의 금강소나무가 울창한 숲을 이루고 있다. 금강소나무는 다양한 이름으로 불리고 있는데 속질이 황갈색을 띠어 '황장목', 미인처럼 늘씬하게 뻗은 자태가 빼어나 '미인송'이라고도 불리며, 일제 때 일본인들이 마구잡이로 배어 춘양역에서 기차로 실어갔다고 하여 '춘양목'이라고도 불린다.

■ **가는 길**
울진에서 불영계곡(36번 국도) → 봉화 방면
불영사 → 울진군 서면 삼근리 → 천교가 있는 삼거리(울진에서 승용차로 30분) →
오른쪽 917번 지방도가 소광리 금강소나무 숲 가는 길

■ **문의**
울진문화관광 : www.tour.uljin.go.kr

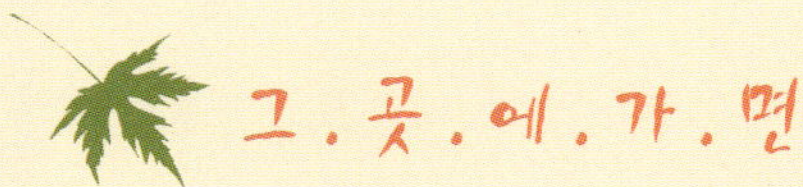

》》소광리 금강소나무 숲

경북 울진군 소광리의 금강소나무 숲에서 나는 목재는 조선시대 왕실의 관과 왕궁 축조에 쓰였을 정도로 그 품종이 매우 뛰어나다. 그래서 울진군민들의 금강소나무 숲에 대한 자부심과 애정은 '금강소나무'가 아니라 '울진목'이라 이름붙일 정도이다.

이와 같이 깊은 역사를 지니고 주변 군민들의 애정을 한 몸에 받는 금강소나무가 현재 문화재 대우를 받게 되었다고 한다. 이에 따라 정부에서는 경북 울진군 서면 소광리 일대 150만 평 금강소나무 숲을 보호지역으로 지정하고 150년간 벌채를 금지하기로 방침을 정했다.

금강소나무는 다른 소나무와는 달리 줄기가 굽지 않고 곧게 올라가는 특징을 가지고 있는데 그것은 금강산에서만 자라는 형태라서 그 이름이 '금강소나무'라 불리게 된 것이라고 한다. 이 나무들은 특히 나뭇결이 곱고 부드러워 굽거나 트지 않으며, 속에 붉은 빛이 돌고 다듬고 나면 윤기가 흐르는 등 워낙 품질이 뛰어나 최고로 친다. 잘 자란 금강소나무 두어 그루면 집이 한 채 나올 정도라고 하니 짐작이 갈 만하다. 그래서 지금 남아있는 금강소나무 숲 중에서 소광리 같은 곳은 임금님이 사시는 궁궐을 짓고, 관을 짓는 등 황실에서 사용될 나무들을 공급하느라 황장봉산이라 지정하고 보전되어 오늘에 이르고 있다.

무엇보다 이 소나무 숲이 한반도 제일의 소나무 숲이라 불릴 수 있는 것은 '21세기에 보존해야 할 첫 번째 숲'으로 꼽을 만큼 원형을 간직하고 있는데다 거센 태풍과 산불도 견딘 강한 생명력을 지니고 있어서일 것이다.

》》주변 가볼 만한 곳

소광리 계곡

태백, 정선, 사북, 고한, 신동, 도계, 통리의 지명들을 차례로 떠올리면 아련하게 만져지는 검은 저탄더미 같은 삶의 흔적들,
나는 태백에서 어설픈 도시의 흔적만 발견했을 뿐, 행인지 불행인지, 과거의 상처는 더듬을 수 없었다.

현동계곡과 동강

또 다른 길의 유혹

오르막을 들어서자
경운기 한 대가 길을 막고 있다.
이때다 싶어 브레이크를 밟고
조금 전 아쉽게 놓친 절벽 밑으로
길게 목을 빼 내려다보았다.
강물이 휘돌아 가는 코너에
다리 하나가 눈에 들어왔다.
저곳에 뭔가 있겠구나,
급하게 차를 돌렸다.

현동계곡과 동강

소백산에서 내려와 풍기 영주를 거쳐 봉화까지 가는 동안 내가 본 것은 잘 가꾼 인삼밭과 담배를 재배하는 전형적인 농촌 풍경들이었다. 나는 봉화를 지나며 마음의 오지를 더듬고 있었다. 봉화에서 내가 할 수 있는 것이 있다면 무얼까? 나는 철로를 더듬으며 어느 날 수인선 기차를 타고 소래포구에 닿았던 짧은 여행을 떠올렸다. 그것은 아쉽게도 지금은 사라지고 없는 협궤열차였다. 봉화역을 지나며 두어 차례 만난 기차는 나에게 설명할 수 없는 기분을 안겼다. 타고 있는 차를 두고 달려가는 기차로 갈아타고 싶다는 소망은 조그만 역 봉성, 춘양을 지나면서 절정으로 치달았다. 마음이 조르는 일은 이렇게 대책 없는 것인지.

현동계곡을 만난 건 뜻밖의 행운이었다. 나는 소읍 현동을 지나 오르막을 달리고 있었다. 오른편에서 강이 따라왔고 36번 국도는 한산했으므로 좌우를 살피며 운전하는 데는 별 무리가 없었다. 오르막을 들어서자 경운기 한 대가 길을 막고 있다. 이때다 싶어 브레이크를 밟고 조금 전 아쉽게 놓친 절벽 밑으로 길게 목을 빼고 내려다보았다. 강물이 휘돌아 가는 코너에 다리 하나가 눈에 들어왔다. '저곳에 뭔가 있겠구나', 나는 급하게 나는 차를 돌렸다.

입구를 찾아 되돌아 내려가니 꽤 큰 마을이다. 실은 비탈에 자리를 잡고 앉은 마을에 관심이 있었던 것이 아니라 아름다운 계곡과 그 계곡을 돌아 흐르는 물과 한 폭의 수채화 같은 다리에 마음이 끌린 것이다.

다리 위엔 조금 외로워 보이는 자전거 한 대가 삐딱하게 서 있었다. 자전거 주인은 어디로 간 것일까, 나는 자전거가 있는 풍경에 매료되어 멀리 차 안에서 우선 사진 몇 컷을 찍었다. 자전거는 마치 생각에 골몰한 듯 보였고, 다리는 꼭 산적이라도 나타나 저곳을 지나는 사람들에게 통행세라도 요구할 것 같은 상상을 불러일으켰다. 잠시 후, 머뭇거리다가 결국 나는 다리를 건넜다. 다리를 건너 휘어진 모퉁이를 돌아서면 대체 무엇이 기다리고 있을까 나는 적이 흥분하였다. 우선 사진을 좀 더 찍고 싶었지만 '자전거가 있는 그림은 돌아오는 길에 찍으면 되지' 라는 생각에 그러나 '언제나 다음은 늦다' 라는 명제를 또 잊고 있었던 것이다.

강물이 돌아가는 길을 따라 이어지는 산봉우리는 높고, 그 반대편으로 낡을 대로 낡은 붉은 함석지붕을 얹은 폐가 한 채가 강을 바라보고 있다. 폐가에서 조금

'청옥산 자연휴양림' 가는 길.

소백산 철쭉 터널.

더 들어가자 그곳은 생각지도 못한 별천지다. 저만큼 떨어진 두 채의 민가 주변에는 이제 막 피기 시작한 감자꽃과 옥수수밭이 넓게 자리하고, 폐가 뒤뜰 복숭아나무에선 복숭아가 자라고 있었다. 지금쯤 고향을 떠난 주인은 어디에 삶을 기대든 예전 집 앞의 강물과 복숭아 나무그늘을 추억하리라. 사람이 떠난 지 꽤 되었는지 붉게 녹슨 함석지붕은 군데군데 내려앉아 하늘에게 안방을 내주고 있었다. 굴뚝은 삭아 무너지고 솥단지를 걸고 올망졸망 어린 새끼들에게 옥수수를 삶아 먹였을 부엌은 앙상한 기둥만 남긴 채 아무 것도 없다. 역시 가야 할 사람은 가고 남아야 할 사람은 남는 것.

강이 내려다보이는 길에 서서 나는 꿈을 꾸었다. 폐가가 있는 쪽으로 남향의 작은 오두막 한 채를 갖고 싶은 꿈, 뒤편엔 산딸기가 익어 가는 봉긋한 동산이 있고, 앞산 밑엔 제법 넓은 강이 흐르고, 국도에서 저만큼 뒤로 물러나 반 바퀴쯤 돌아앉은 그곳, 욕심을 부리자면 게으르지 않을 만큼 옥수수나 고구마를 심을 수 있는 밭이 좀 있었으면 좋겠다. 너무 크지도 작지도 않은….

어느 모퉁이를 돌아도 강이 흐르는 곳.

지난 삶을 그대로 간직하고 있는 강가의 폐가.

석양에 물드는 강물을 보노라면 어느 나그네인들 쉬어가고 싶지 않으랴.

"시계를 자주 들여다보는 사람은 불행을 자초하는 사람이다."

　나는 시간을 확인하고 뜬금없이 이 말을 떠올렸다. 어둡기 전에 도착하려면 서둘러야 한다. 차를 돌려 처음 나를 유혹하던 다리로 돌아가니 조금 전까지만 해도 있었던 자전거가 없다. 아쉬워라! 정말 좋은 그림이었는데…. 차를 세우고 일몰 직전의 현동계곡을 역광으로 카메라에 담았다. 돌아갈 길이 급하다. 사진을 찍고 이제 한 뼘쯤 자란 담배밭을 지나 오르막으로 들어섰을 때 교복을 입은 여학생이 문제의 자전거를 끌고 집으로 들어가고 있었다. 오라, 자전거의 주인은 저 단발머

연록으로 물들기 시작하는 소백산의 봄.　　　　　　　　　　국도변, 자작나무에도 봄은 짙어가고.

리 여학생이었구나. 짧은 치마를 입은 소녀가 자전거를 끌며 역광 저편으로 건너가는 것을 놓친 것이 못내 아쉬웠다.

　다음날은 통고산 자연휴양림을 둘러보고, 현동에서부터는 오던 길을 버리고 태백으로 이어지는 35번 국도를 탔다. 태백을 선택했다는 말은 마음에 태백산이 있었다는 말이고, 탄광촌과 그곳에 사는 사람들 그리고 동강이 있었다는 말이 아닌가? 가는 길목에 청옥산 자연휴양림이 유혹하기에 모른 체 할 수 없어 길을 따라 들어가니 휴양림의 부대시설들이 꽤 깊은 곳에 자리를 잡고 있다. 소광리 소나무 숲에 눈이 멀어 그랬을까. 불행하게도 이곳에서는 별다른 유혹을 느끼지 못한 채 차 한 잔으로 달뜬 마음을 가라앉히며 휴양림을 빠져 나왔다. 시간은 6시를 지나고 있었다.

　석포, 동점을 지나자 강원도 땅이다. 끊어졌던 철로가 시작되고 산비탈에 폐광촌이 하나 둘 눈에 들어오기 시작한다. 예전의 활기찬 모습은 찾을 수 없지만 태백, 정선, 사북, 고한, 신동, 도계, 통리의 지명들을 차례로 떠올리면 아련하게 만져지는 검은 저탄더미 같은 삶의 흔적들, 나는 태백에서 어설픈 도시의 흔적만 발견했을 뿐, 행인지 불행인지, 과거의 상처는 더듬을 수 없었다.

산수 빼어난 영월을 지나면서 아무것도 모르는 어린 단종이 당쟁에 휘말려 짧은 생을 살다 간 비운의 역사를 한번쯤 생각하지 않을 사람은 없을 것이다. 단종이 유배생활을 했던 곳, 목 졸려 죽어 그 시체까지 버려진, 단종의 애사가 서린 동강….

영월을 지날 때쯤 허공은 온전한 어둠으로 채워졌다. 흐르는 동강을 따라 짙은 어둠을 안고 달리다 보니 초행도 아닌데 왠지 생경하다. 일요일이라 귀경길이 만만치 않으리라, 피곤에 지쳐 가까스로 제천IC를 찾아들었다. 제천IC는 중앙 고속도로로 들어서기까지 몇 번 혼란스러웠던 경험은 이번에도 예외가 아니었다. 그 길에서 이틀간의 시간을 되감으며 자정이 지나서야 나는 현관으로 들어설 수 있었다. 온몸이 파김치가 되어서 드디어 낙원으로 돌아온 것이다.

오늘 나는 길에서 어둠 외에 무엇을 보았던가!

■ 가는 길
거운교 → 거운초등학교(비포장길 100m전진) → 우회전 → 산길 3km → 동강 기슭 만지동 → 강변(비포장길 2km)

■ 문의
동강관리사업소 : 033-370-2327

그·곳·에·가·면

>>> 동강

동강은 남한강 수계에 속한다. 정선, 평창 일대 깊은 골짜기를 흘러내린 물들이 정선 읍내에 이르면 '조양강'이라 부르고, 이 조양강에 동남천 물줄기가 합해지는 정선읍 남쪽 가수리부터 영월에 이르기까지의 51km 구간을 '동강' 이라 부른다. 산자락을 굽이굽이 헤집고 흘러내리는 동강은 마치 뱀이 기어가는 듯한 사행천(巳行川)을 이루고 있으며, 전 구간에 걸쳐 깎아지른 듯한 절벽 지형을 이루고 있다.

>>> 어라연

어라연(魚羅淵)은 동강의 하류인 영월읍 거운리에 위치하고 있다. 어라연은 일명 '삼선암(三仙岩)' 이라고도 하는데, 옛날 선인들이 내려와 놀던 곳이라고 하여 '정자암' 이라고 부르기도 했다.

강의 상부, 중부, 하부에 3곳의 소(沼)가 형성되어 있고 그 소의 한 가운데에 옥순봉(玉筍峯)을 중심으로 세 개의 봉우리가 물 속에서 솟은 형태이다.

1530년(중종 25년)에 간행된『신증동국여지승람(新增東國輿地勝覽)』에는 세종 13년 어라연에 큰 뱀이 나타나 연못에서 놀기도 하고 물가를 꿈틀대며 기어 다녔다는 기록이 있다.

하루는 물가의 돌무더기 위에 허물을 벗어 놓았는데, 길이가 수십 척이고 비늘은 동전 만하고 두 귀가 있었다고 한다.

이 곳 사람들이 비늘을 주워 보고하자 조정에서 권극화(權克和)라는 사람을 보내 실상을 조사하게 하였다. 권극화가 어라연에 당도해 연못 한 가운데 배를 띄우자 갑자기 폭풍이 일어 배를 삼켜 버리고, 그때부터 뱀의 모습 또한 보이지 않았다고 한다.

옛날 어라연 근처에는 어라사(於羅寺)라는 사찰이 있었으나 지금은 흔적만 남아 있다.

최근 동강은, 정선 신동읍 운치리 강변에서부터 래프팅으로 강의 물길을 따라 내려가던 사람들과 트래킹 인파 때문에 훼손이 심해 출입을 통제할 만큼 몸살을 앓고 있다.

>>> 주변 가볼 만한 곳

망향정, 망향 해수욕장, 민물고기 전시장, 온천, 죽변 포구

걸으면서 듣는 바람소리와 잎사귀들이 제 몸을 부딪쳐 사그락 대는 소리는 사람의 혼을 빼앗는다. 대나무는 다른 나무에 비해 이파리가 강해 소리 또한 부드럽거나 감미롭기보다 강렬하면서도 예민하다.

다시 만나는 변산

바다와
대나무 숲

겁이 많긴 하지만
때로 표류하고 있는 듯한 느낌을 좋아하고,
내심 두려움에 뒤를 한번 살피고는
숲 속으로 발을 들여놓는
그 첫 순간을 나는 좋아한다.
그때마다 변산의 길은
바다로 미끄러질 듯 이어졌다.
그러나 순간순간 걸음을
멈출 수밖에 없었던 것은
바다가 배경이 되는
그 아름답고 아기자기한 풍경을
놓치지 않기 위해서이다.

다시 만나는 변산

　겨울 끝에서 다시 바람의 땅 변산을 생각하고 있었다. 서해 고속도로가 개통되면서 변산은 변방의 땅이 아니라 서울에서 한달음에 달려갈 수 있는 가까운 곳이 되었다. 변산하면 떠오르는 것은 곰소와 격포지만 그보다 더 구체적으로 생각나는 곳은 채석강과 적벽강에서 바라보는 서해다.

　수만 권의 책을 쌓아놓은 것 같다고 하여 채석강이라 했다던가. 궁항을 비롯한 격포 일대는 많은 사람들에게 친숙한 드라마 '불멸의 이순신'을 촬영한 곳이기도 하다. 그러나 나 같은 사람은 촬영지나 텔런트들에겐 도무지 관심이 없으니 걸음은 당연 바다와 숲으로 이어질 수밖에 없다. 불과 몇 달만에 다시 와 보는 변산은 여전히 바다와 바람이 주인이다.

　　동행한 친구는 모항을 원했지만 나는 곰
소를 고집한다. 그랬을 때 방법은 간단하
다. 모항에도 가고 곰소에도 가는 것. 그러
나 정작 내 마음은 다른 곳을 꿈꾼다. 나는
격포 일대에 바다가 잘 보이는 대나무 숲
을 잊지 못하고 있었다. 이곳 변산뿐 아니
라 전라도 땅은 담양을 비롯해 대나무가
많다. 나는 어느 숲보다 대나무 숲을 좋아
한다. 걸으면서 듣는 바람소리와 잎사귀들

해풍에 대나무가 미친 듯 몸을 흔들고 있다.

이 제 몸을 부딪쳐 사그락 대는 소리는 사람의 혼을 빼앗는다. 다른 나무에 비해
이파리가 강해 소리 또한 부드럽거나 감미롭기보다 강렬하면서도 예민하다. 악기
로 치면 다른 활엽수가 첼로라면 대나무는 바이올린이다. 풍속에 따라 다르지만
어느 땐 비수 같아 마음이 탁할 때 그 소리를 듣고 있노라면 정신이 맑아져 무딘
신경을 일으켜 깨우는 데 그만인 것이다.

　　바다를 안고 대숲을 걷고 있을 때 생각나는 시가 있었다.

　내가 지프차를 선호하는 건 비실거리는 주인에 비해 터무니없이 건강하고 힘 있는 사륜구동이기 때문이다. 한적한 겨울 바다 특히 서해안은 자동차로 달리기에 적합한 곳이 많다. 자동차 드라이브를 즐기거나 모험을 좋아하는 사람에게 물이 빠진 서해안은 한번 달려볼 만하다. 채석강을 빠져 나오면 고사포 일대에서 그런 해안을 만날 수 있다. 고사포 송림해수욕장을 지나면 방포를 지나 대항리 패층으로 갈 수도 있고 조금 더 가다 보면 지금은 공사가 중지된 새만금 방조제를 둘러보는 것도 좋다. 차를 두고 둑 위를 걷다 보면 사방이 트인 바다와 그 안에 드문드문 떠있는 작은 섬들을 눈으로 더듬는 재미 또한 만만치 않다. 해질 무렵 방조제에서 낚시를 드리우고 맞는 낙조는 그 어떤 것도 부러워하지 않을 만큼 세상을 넉넉히 포용할 수 있는 여유를 줄 것이다.

말도 많고 탈도 많은 '새만금' 이다, 언제 그 끝을 볼 수 있을지.

혼자 텃밭을 매고 계시는 할머니를 만났다. 80평생을 사시면서 한두 번 잠시 집을 비운 일 외엔 고향을 떠난 적 없다고 하신 말씀은 존경과 더불어 나를 놀라게 했다. 그가 두 번 집을 비운 것은 큰딸을 시집보내면서 광주에 다녀온 것과 다른 한 번은 조카가 와서 서울 구경을 시켜준다고 자가용으로 데리고 갔을 때라고 했

변산 그 어느 마을이나 핵 폐기장 건설을 반대하는 노란색 그림을 볼 수 있다.

다. 그런 할머니께 다짜고짜 햄버거를 드셔본 적이 있으시냐 물어본 것은 장기를 두는 상투 튼 노인에게 체스를 아느냐고 묻는 것과 무엇이 다른가.

내가 그 같은 질문을 한 건 가방에 점심으로 먹을까 싶어 넣어온 2개의 햄버거 중 하나를 드리고 싶었기 때문이었다. 나는 조심스럽게 종이를 펴고 한번 맛보시라고 드려보았다. 그리고 하나 남은 햄버거는 어떻게 먹는지를 보여드리기 위해 할머니가 보는 앞에서 시식하기 시작했다. 처음 할머니는 햄버거를 들고 그냥 까르륵 웃으셨다.

"살다봉께 별 희한한 음석도 다 맛보네요이?"

나는 할머니의 빠진 치아 사이로 흘러나오는 맑은 웃음과 손사래를 담고 싶었지만 그날은 카메라가 없었다. 할머니는 햄버거 봉지를 열더니 아예 바닥에 펼쳐놓고 빵은 빵대로 고기는 고기대로 야채대로 따로 맛보시며 "이거 뭐여? 먹을 만허네, 그거 참 희한한 맛이지라!" 하셨다.

얼마 후 두런두런 이야기가 이어지고 햄버거가 없어지자 할머니는 자꾸만 저만

젊은이들은 간조의 바닷가를 지프로 달리는 기분은 한마디로 설명할 수 없다고 했다.

푸른 바다를 배경으로 춤을 추는 대나무들.

치 당신의 집을 가리키며 가서 밥 먹고 가라고 조르셨다. 하지만 그땐 시간에 쫓겨 아쉬움을 거두고 일어날 수밖에 없었다. 그 후 어디서나 흔한 햄버거를 먹을 때면 그때의 할머니가 떠오르곤 했었다. 이미 오래된 이야기지만 그 할머니를 만난 곳은 곰소와 격포 사이 운호리 어디쯤인것 같은데 햄버거가 아니라도 변산에 가면 그때의 할머니가 생각나곤 한다. 그처럼 때로는 글이나 사진보다 더 확연한 것은 한 순간의 기억이 아니던가.

겁이 많긴 하지만 때로 표류하고 있는 듯한 느낌을 좋아하고 내심 두려움에 뒤를 한번 살피고는 숲 속으로 발을 들여놓는 그 첫 순간을 나는 좋아하는데, 그때마다 변산의 길들은 바다로 미끄러질 듯 이어졌다. 그러나 순간순간 걸음을 멈출 수밖에 없었던 것은 바다가 배경이 되는 그 아름답고 아기자기한 풍경을 놓치지 않기 위해서다. 길은 좁고 가파랐지만 바람이 불 때마다 바다의 짠 내음이 훅 끼쳐와 싫지 않았다.

보통 내륙에 있는 키가 큰 대나무는 다정하지도 않고 어째 조금은 멋대가리 없는 말라깽이 신경질적인 사내를 연상시키지만 바닷가의 대나무는 웃자라지 않아 더욱 친근한 느낌을 주는지도 모른다.

어디서 나타났는지 바둑이 한 마리가 휙 하고 지나갔다. 너무 놀라 소리를 지를 뻔했지만 내 반응과 상관없이 바둑이는 길 저편으로 유유히 걸어갔다. 건너다가 나를 보는 그의 시선을 잡고 발로 걸어차는 시늉을 하고는 혼자 웃었다. 내 행동으로 하여금 바둑이가 모욕감을 느끼지 않고 오히려 나를 친한 동무쯤으로 생각해줬으면 좋겠다는 상상을 하면서.

며칠 바닷가를 돌아다녔더니 햇볕에 피부가 적당히 그을려 탄력이 생겼다. 걷는다는 것은 누구에게든 기대거나 의지할 수 없는 혼자만의 여행을 뜻한다. 그러므로 혼자 떠나는 여행은 누가 시키지 않아도 저절로 강해질 수밖에 없다. 그러나 어느 순간 에너지가 바닥을 보일 때도 많으나 적당한 햇살과 바람 아래 걷다 보면 엔도르핀이 저절로 생기는 것을 느낀다. 그러나 존재만으로 누구에겐가 기쁨이 될 수 있다면 얼마나 좋을까. 바둑이에게든 가족에게든 멀리 떨어져 있는 친구에게든.

■ **가는 길**
서해안고속도로 부안IC(30번 국도) → 부안 → 변산해수욕장
호남고속도로 태인IC(30번 국도) → 부안 → 변산해수욕장

■ **문의**
변산반도 국립공원 : www.npa.or.kr/pyonsan
한국관광공사 : www.visitkorea.or.kr

그 · 곳 · 에 · 가 · 면

››› 곰소항과 염전

전국 제일의 젓갈 단지 곰소는 원래가 섬이었으나 일제의 군수물자 및 농산물 반출을 위해 인공적으로 조성된 육지이다. 아직도 많은 어선이 곰소항을 이용하며 주변에 소규모 상가와 마을, 천일염을 생산하는 염전이 있다. 도로를 벗어나 항구 쪽으로 들어가면 해산물과 건어물 노점들이 즐비하다.

››› 격포와 채석강, 적벽강

변산반도의 최서단으로서 이곳의 지형은 퇴적암의 성층이 바다물의 침식으로 절벽이 이루어져 흡사 만 권의 책을 쌓아 올린 것 같은 모습을 이루고 있다. 중국 당나라 이태백이 배를 타고 술을 마시다 강물에 뜬 달을 잡으려다 빠져 죽었다는 채석강과 흡사하다 하여 채석강이라 부르게 되었다고 한다. 채석강 입구 좌측에 비치랜드가 있고 우측으로 가면 매표소 지나서 채석강, 앞에 바다, 좌측이 침식으로 이루어진 단애 채석강이 격포항과 연결된다.

››› 변산해수욕장

서해의 대표적인 해수욕장으로 변산반도 국립공원에 속해 있다. 우리나라에서 가장 오래된 해수욕장의 하나로 1933년에 개장되었다. 고운 모래해변이 끝없이 펼쳐져 있으며, 서해안의 해수욕장으로는 물빛이 맑다. 더욱이 평균수심이 1m밖에 되지 않고 수온이 따뜻하여 해수욕장으로 적합하다.

››› 주변 가볼 만한 곳

수산물 거래장터, '불멸의 이순신' 촬영 세트장, 궁항과 궁항해수욕장, 내소사, 고사포, 내변산, 외변산, 새만금 방조제.

어여뻐라, 국도를 달리다 만나는 이 나라 산천은 새 옷을 갈아입은 새색시 같다.

이맘 때 우리나라는 어느 마을이나 골짜기를 가도 꽃 없는 곳이 없다.

산정호수와 명성산

물 따라 산 따라

포천 지나 철원평야로 들어서면
이유 없이 마음이 싸해진다.
걸어도 달려도 아픈 땅,
한달음에 저 끝까지 가야 마땅하지만
어느 지점에선가 돌아서지 않으면 안 되는 땅,
운천쯤 가면 철원평야를
생각하지 않을 수 없다.
걷고 또 걷는 동안 내 땅도 되고
우리의 땅도 되는 철원평야.

산정호수와 명성산

나무들이 금방이라도 물 속으로 몸을 던질 듯
호수 쪽으로 기울어 있다.

겨우내 일에 빠져 지내다 정신을 차리고 보니 4월도 후반으로 치닫고 있었다. 이제 꽃이 피려나 하고 나갔더니 어느새 도시는 지는 꽃으로 가득하고 바람이 거리를 휩쓸 때마다 내리는 꽃눈은 지친 일상에 제동을 걸어왔다. 나는 아직 남아 있을지도 모를 꽃을 위해 조금 더 북으로 올라가는 길을 택했다. 한수 이북 포천이나 운천쯤이면 어떨까, 철원평야도 좋으리라. 시간 없는 나 같은 사람도 하루 품이면 돌아볼 수 있고 조금 더 욕심을 부린다면 1박 2일 정도로 온 천지에 물오르는 봄 산행을 탐내도 괜찮을 것 같았다.

나는 산정호수를 그 첫 번째로 택했다. 예전의 기억을 되살려 다시 가려는 시도는 생각보다 복잡하게 이루어졌다. 국경을 초월해 여행하는 나지만 왜 한수 이북에서는 늘 격리된 느낌을 받을까? 그것은 잘 달리다가도 어느 지점에선가 멈출 수밖에 없는 분단지점이라는, 받아들이고 싶지 않은 현실 때문일 게다. 그러나 나는

누구보다도 포천이라는 지명에 애착
을 가지고 있던 사람이 아니던가.

포천 지나 철원평야에 들어서면 이
유 없이 마음이 싸해진다. 걸어도 달
려도 아픈 땅, 한달음에 저 끝까지 가
야 할 땅이지만 어느 지점에선가 돌아
서지 않으면 안 되는 땅, 그래서 나는
매번 운천에서 더 나아가지 못한 채

어디나 피어있는 봄꽃들.

포천을 맴돌다 돌아서야 했었다. 그러나 운천쯤 가면 철원평야를 생각하지 않을
수는 없다. 걷고 또 걷는 동안 내 땅도 되고 우리의 땅도 되는 철원평야.

어여뻐라, 국도를 달리다 만나는 이 나라 산천은 새 옷을 갈아입은 새색시 같다.
이맘 때 우리나라는 어느 마을이나 골짜기를 가도 꽃 없는 곳이 없다. 또 추녀가 낮
은 집들과 황토언덕을 따라 걷다 보면 저기 어디쯤 토담에 아기기저귀가 바람에 펄
럭이고 굴뚝에 연기 피어오르는 고향을 만날 것 같은 예감으로 기분이 좋아진다.

산정호수로 진입하는 삼거리에서 입장권을 건네던 관리소 직원에게 여행자료를
좀 얻을 수 있을까 하여 물었더니 그런 자료는 없다며 대신 자세한 설명을 한 뒤
한 마디 덧붙인다. 찾기가 어려우면 호수 입구 첫 번째 집에서 물어보면 도움을 받
을 수 있다고. 허리를 굽혀 인사를 하는 모습이 친근하기 이를 데 없다.

모처럼 재회한 산정호수는 주변에 늘어선 숙박시설과 놀이터, 음식점, 펜션과 카
페, 무엇보다 녹조가 짙은 물빛부터 달랐다. 나는 예전 생각만 붙들고 찾아간 걸음

'망무봉' 에서 내려다 본 산정호수,
건너편으로 아담한 사찰 '자인사' 가 보인다.

을 조금은 후회하고 있었다. 가을이라면 명성산 등산을 해볼만 한데, 그때나 올 걸 그랬나? 남쪽엔 이미 벚꽃이 지고 없었지만 이곳은 목련과 벚꽃이 절정을 치닫고 있었다. 산에는 연록의 새순이 돋고 지나온 마을마다 복숭아꽃 살구꽃이 화사하게 봄을 전한다.

산정호수는 물가에 숲을 끼고 걷는 산책로가 일품이다. 소나무가 호수 쪽으로 몸을 기울여 자연스럽게 그늘을 만들어 주니 걷고 쉬고 사색하기에 적격이다. 북쪽에는 호수를 가로지르는 나무 통로와 계단이 있어 맨발로 걸어도 좋다. 이 나무 계단에 앉아 바라보는 산정호수는 좋은 자리 덕분에 안정감 있고 푸근하다. 특히 햇살이 좋은 봄날 일광욕을 즐기기엔 그만이다. 무엇보다 오목한 분지에 호수가 있고 주위에 산들이 둘러싸여 풍광이 뛰어나고 솔향을 맡으며 걷는 소나무 산책로는 다정다감하기 이를 데 없다. 근처 식물원에서 우리나라 자생식물을 둘러봐도 좋고 자인사로 들어가는 길목이나 산정호수 입구에서 좌측 숲을 따라 걷는 코스도 괜찮다.

나의 아버님(시아버지)은 포천 야미리 544번지에 주소를 두셨다. 휴전이 되기 전까지 그곳은 북쪽 땅이었는데, 휴전이 되면서 이남으로 편승된 경기도 포천군 영북면 야미리. 지리적으로 보면 포천은 멀고 운천은 가까워서 매번 운천읍에 나가 볼일을 보셨다는 아버님은 그 일대 대 지주의 아들이었다. 결혼하자 새 며느리인 나에게 어머님은 자주 산정호수에 대한 이야기를 하시며 그곳을 향한 당신의 그리움을 상기시켰다.

"네 아버님이 쥐꼬리 만한 봉급을 타오면 어쩌다 휴가를 얻어 어린 두 아이(남편과 시누이) 손을 잡고 산정호수로 소풍을 갔단다. 산을 넘고 고개를 넘어 저만큼 호수가 보이면 얼마나 반갑던지. 무릉도원, 천상이 따로 없었단다. 벚꽃이 만발한 호숫가에 앉아 도시락을 펼치면 밥에 꽃잎이 우수수 떨어지는 걸 보고 아이들은 또 얼마나 좋아했는지. 계곡에서 물놀이도 하고 가재를 잡으며 재롱을 피울 그땐 정말 뿌듯하고 행복했었지. 두 아이는 어렸고 아버지와 나는 젊었으니까…."

어머니 얼굴에선 그때의 아름다운 영상들이 파노라마처럼 스치는 듯했다. 아버

호수를 발밑에 두고 걸을 수 있는 산정호수 산책로.

봄 햇살을 받고 있는 오래된 가옥 마당의 장독대.

님은 둘째 아들로 일찍이 경찰에 투신해 부모님과 많은 형제들을 부양해야 할 의무를 안고 살아야 했다. 누구보다 고향에 남다른 애착을 가진 당신은 남들이 모두 불안한 정치 현실에 회의를 느껴 이남으로 거처를 옮길 때도 그곳에 남아 넓은 선산에 손수 나무를 심고 농토를 가꾸셨다. 그런 아버님에게 병마가 찾아와 회생불가를 판정 받았을 때 그 땅에 묻히고자 했던 소망은 어쩌면 너무나 당연한 것인지도 모른다. 그렇게 생을 마친 아버님의 뒤를 이어 어머님이 묻힌 땅. 나는 포천에 가면 이방인이 아니다. 늘 부모님이 계시고 그곳 어디서나 내 지친 걸음을 돕는 친지들이 계신 땅, 아무리 타관의 생활이 몸에 밴 사람일지라도 고향으로부터 자유로운 사람은 없다. 그래서 사람들은 고향을 모태(母胎)라 하는지. 모든 걸음은 고향으로부터 시작된다. 이건 철칙이고 법칙 같은 것이다. 그러니까 결혼과 더불어 포천은 내게 제2의 고향인 셈이다. 나를 태어나게 하신 부모님이 아니라 나와 사는 남편의 고향일지라도 그건 다르지 않다.

산정호수는 병풍처럼 펼쳐진 명성산을 중심으로 망봉산 망무봉을 끼고 있는 호수다. '산 속의 우물과 같이 맑은 호수'라 하여 산정호수라 불리며, 연간 100만 명 이상이 찾는 유명한 관광지이다. 1925년 농업용수로 이용하기 위해 축조된 저수지인데, 주변 경관이 수려해 수도권에서는 즐겨 찾는 곳이다. 호수 주변은 걷기에 적당하고 특히 연인들에겐 추천할 만하다. 계절별로 봄, 가을 아침이 특히 좋다. 더욱이 저녁에 피어오르는 호수의 물안개는 환상적이며 해질 무렵 호수에 떠있는 보트는 한 폭의 그림이다.

이제 막 피기 시작하는 배꽃.

호수 입구, 여기저기 펼쳐져 있는 숲길.

봄, 가을은 명성산 산행을 추천하고 싶다. 겨울엔 호수의 빙판 위에서 스케이팅을 할 수 있고, 여름에는 물놀이를 즐길 수 있는 곳. 그 밖에도 놀이동산, 수영장, 눈썰매장, 온천이 있고 근처에 콘도미니엄 같은 숙박시설도 구비되어 있어 개인과 단체가 함께 즐기기 좋은 곳이다. 달리다 보면 옹기점이 자주 눈에 띄는데, 그래서일까? 우리의 전통음식 더덕구이, 뚝배기에 내놓는 산채비빔밥, 도토리묵, 우렁, 버섯요리, 민물고기 매운탕 등 각종 웰빙 식품이라 불리는 음식 맛은 소문 그대로이다.

명성산은 군사분계선과 가까운 경기 북부의 대표적인 산이다. 강원도 철원군과 경기도 포천군에 걸쳐져 있는 산으로 정상은 철원군에 있고 산 입구, 계곡과 억새평원, 삼각봉 남쪽은 경기도 포천군에 속한다. 평야 쪽은 산정호수에서 북으로 조금 올라가면 있는 신안고개가 두 도(道)의 경계이다. 대체로 평이하지만 주봉을 얼마 안 남긴 곳에서는 결코 만만치 않은 암봉이 기다리고 있다.

명성산의 묘미는 능선산행이다. 이곳은 길고 짧은 봉우리들이 차례로 나타나 걷는 즐거움을 만끽할 수 있다. 조금 긴 코스 기점(등산로 가든)-비선폭포-등룡폭포-억새능선-삼각봉-명성산 정상-신안고개-출발점(7.9km)을 택하면 6시간 이상 소요된다. 명성산의 묘미는 해지는 능선과 이른 아침 정상에서 보는 호수의 물안개이다.

명성산은 궁예가 왕건의 신하에게 쫓기어 은둔생활을 하다가 결국 그들에게 붙

만산이 홍엽인 어느 가을, '망무봉' 정상에서 나무 사이로 내려다 본 산정호수와 '망봉'.

잡혀 끌려갈 때 주인을 잃은 신하와 말이 산이 울릴 정도로 슬피 울었다 하여 '울음산'으로 불린다. 등산로 계곡에는 비선폭포와 등룡폭포가 있어 걸으면서 듣는 물소리는 더위와 갈증을 잊게 해준다. 시야가 맑은 겨울에는 저 멀리 철원평야도 볼 수 있다. 그러나 보는 대로 남과 북이 땅덩어리는 면면히 이어지지만 아직도 국토는 분단이라는 아픈 상처를 그대로 간직하고 있다.

호수를 따라 걸으면서 근처 구름다리, 산정호수 폭포, 지금은 전망대로 사용하고 있는 예전 김일성 별장 등을 돌아보아도 좋다. 아이들이 동반했다면 유원지에서 각종 놀이기구도 즐길 수 있다.

■ **가는 길**
서울 → 송추 → 의정부 → 포천 → 산정호수
서울 → 군자교 → 동부간선도로 → 의정부 → 포천 → 산정호수

■ **문의**
한국관광공사 : www.visitkorea.or.kr
포천시청 : www.pcs21.net

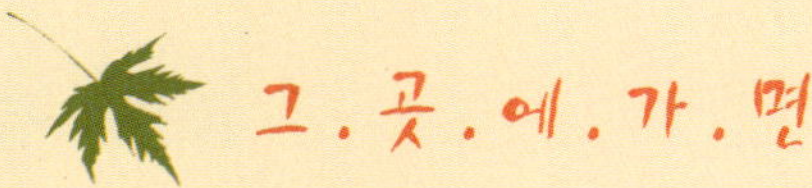

그.곳.에.가.면

》》》 산정호수

산정호수는 포천의 대표적 관광명소로서 1925년에 농업용수로 이용하기 위하여 담수를 목적으로 축조된 저수지이다.

주변 경관이 수려한 이곳은 명성산과 망무봉으로 에워싸인 산 속에 우물과 같은 맑은 호수가 있다 하여 산정호수라 불리워졌다. 수도권에서는 보기 드문 절경으로 연간 100만 명 이상이 찾는 한수 이북 제일의 관광지로 손꼽힌다.

지금은 천혜의 자연조건을 갖춘 명소가 되었다. 호수 주변에 산책로와 등산로가 잘 정비되어 있고 산책 소요 시간은 40분 정도이며 자인사, 구름다리, 산정호수 폭포, 구 김일성 별장 등을 볼 수 있다.

》》》 자인사

1964년 5월 김해공 스님께서 현지에 허물어진 축대와 옛 법당자리로 추정되는 곳에 주춧돌만 몇 개 나뒹구는 것을 안타깝게 여겨 이곳을 다듬고 석고로 된 18척의 미륵불 입상을 조성한 후 13평의 조그만 암자를 세우고 자인사(慈仁寺)라 칭하였다.

》》》 주변 가볼 만한 곳

제2땅굴, 철의 삼각지, 월정리, 철새도래지, 노동당사, 백마고지, 철원평야,

마음 밑바닥에 오래도록 가라앉아 있던 지명 영종도, 한때 나는 월미도선착장에서 얼마나 자주 영종도행 배를 탔었던가.

영종도 마시란해변

모도를 꿈꾸며

나는 이곳에서 몇 년 동안
계절이 바뀌는 것을 즐겼고
낮과 밤이 교차되는 그 세세한 시간들을 누렸다.
밀물의 달밤에 보는 마시란해변은
그 어떤 것도 부럽지 않은
고요한 산책의 시간을 내게 안겼으며,
어느 날은 아무도 없는 해변에서
조개를 봉지 가득 줍는 즐거움도 누렸다.

영종도 마시란해변

　미친 듯 함박눈이 쏟아지고 있다. 옷을 갈아입고 자동차 키를 만지작거리며 오늘은 어디든 가야겠다고 이미 마음을 굳힌 상태지만, 어디로 갈 것인가를 두고 잠시 즐거운 고민을 한다. 마음 밑바닥에 오래도록 가라앉아 있던 지명 영종도, 한때 나는 월미도선착장에서 얼마나 자주 영종도행 배를 탔었던가. 불과 몇 년밖에 되지 않은 일들이 까마득한 저 편의 영상처럼 느껴진다.

　전에는 월미도에서 도선에 차를 싣고 영종도로 건너가곤 했지만 공항이 생기면서 이제 영종도는 바다를 건너지 않고 영종대교를 이용해 한달음에 달려갈 수 있게 되었다. 나는 영종도를 향하면서 을왕리 어느 귀퉁이에 붙어있을 모도를 마음에 두고 있었다.

　영종 톨게이트를 빠져나가 공항북로를 이용하니 얼마 안 가서 삼목선착장이다. 선착장 주차장에 차를 세우고 여객선 터미널로 들어가자 곧 옹진군 신도, 시도, 모

도로 가는 배편이 기다리고 있다. 이 3개
의 섬은 삼목선착장에서 손에 잡힐 듯 가
깝다. 그러나 너무 싱겁다. 마침 선착장
에 정박해 있는 배를 타고 건너가기만 하
면 바로 모도라니, 그래서 내 걸음은 다
시 주춤거린다. 출발이 늦긴 했지만 눈
때문에 고속도로에서 지체하는 바람에

바다가 보이는 곳에
여행자의 발길을 붙드는 해송 숲.

오늘 단숨에 모도로 건너가 버리면 아무 것도 할 수 없을 것 같아 이정표에 을왕리
를 확인하고 나서 핸들을 돌린다. 그러니까 이번 영종도행은 예전 월미도에서 차
를 가지고 들어온 곳의 반대편에서 접근한 셈이니 순서대로라면 왕산해수욕장을
기점으로 영종도의 해변을 둘러볼 수 있을 것이다.

　왕산해수욕장은 백사장이 제법 넓다. 개펄이 없어 이곳 영종도에서 푸른 바다를
볼 수 있는 몇 안 되는 해수욕장이기도 하다. 해안 경찰대의 대형 고무보트가 수상
훈련을 하면서 내는 엔진의 소음 때문에 칼바람과 더불어 삭막함을 더한다. 그러
나 고운 모래를 보니 여기서 뒹굴며 한나절 보내고 싶은 마음도 없지 않다. 허나
겨울 추위는 한가한 마음의 여유를 허락하지 않아 몇 번이나 백사장을 걷다가 차
안으로 다시 돌아와 추위를 녹여야만 했다.
　왕산해수욕장을 벗어나 마을 가운데 야트막한 고개 하나를 넘으면 바로 을왕리
이다. 을왕리는 알려진 대로 몇 년 사이 사람들의 걸음이 잦아 횟집이며 숙박업소
가 우후죽순처럼 늘어났다. 게다가 호객 행위 하는 업주들이 길에 나와 차를 막는

바람에 맘 놓고 한가하게 이동할 수조차 없다. 서글프다, 아니 무섭고 두렵다. 언제부터 우리나라 유원지에서 폭군 같이 호객을 하지 않으면 안 되게 되었을까. 즐겁게 취해야 할 먹거리 앞에서 더욱 적극성을 띠는 그들, 그러나 생각해 보라. 일상이 아닌 여행지에서조차 자신의 의지가 아닌 타의에 의해 거의 강압으로 선택되어질 수밖에 없는 삭막함이라면 누군들 거부감이 없겠는가(개인적으로는 이렇게 하는 호객 행위는 반드시 근절되어야 할 문제라고 생각한다. 자신의 가게를 안내할 수 있는 메뉴를 붙여놓고 손님이 느긋하게 비교하며 고를 수 있도록 하고, 그러다가 도움이 필요한 고객이 있으면 도움을 주면 되지 않겠는가. 사실 어디에 마음을 정하고 들어가고 싶어도 너무 적극적으로 달려들면 뒷걸음치는 게 보통 사람들의 심리 아닌가 말이다).

횟집과 일반 상가가 붐비는 을왕리해수욕장과 선착장에선 선녀바위해변이 연결되고 다시 조금 더 가면 길게 안으로 들어와 있는 넓은 해안선이 용유해변이고 오성산 아래 완만하면서 크고 둥근 해변이 바로 마시란해변이다. 몇 년 전만 해도 이 일대는 해안가에 천막 하나 없는 자연 그대로를 간직한 매우 한적한 곳이었다. 나는 이곳에서 몇 년 동안 계절이 바뀌는 것을 즐겼고 낮과 밤이 교차되는 그 세세한 시간들을 누렸다. 밀물의 달밤에 보는 마시란해변은 그 어떤 것도 부럽지 않은 사색의 시간을 안겨

주었으며, 어느 날은 빈 해변에 밀려온 조개를 봉지 가득 줍는 즐거움도 누렸다. 마시란해변에선 건너편 실미도를 한 눈에 볼 수도 있다.

긴 마시란해변이 끝나면 조금 돌출 된 곳에 소박한 포구, 거잠포가 나타난다. 거잠포에선 손바닥 만한 잠진도로 들어갈 수 있는 방파제가 연결되어 있고 이 잠진도에서 배를 타면 무의도로 들어갈 수 있다. 그러니까 실미도는 바로 무의도에 붙어있는 또 하나의 섬인 셈이다. 무의도에는 드라마 '천국의 계단' 촬영지인 하나개해수욕장이 있고, 실미도는 영화 '실미도'의 주무대가 되었던 곳이다. 지난 해 사상 유례 없는 대박을 맞은 영화 덕분에 많은 여행자들이 몰려들어 지금은 잠진도에서 무의도를 연결하는 정기 여객선이 수시로 들고난다. 물론 차를 가지고 들어갈 수도 있다. 대중교통으로는 인천공항에서 무의도나 실미도 또는 을왕리로 직접 가는 시내버스가 있다.

허나 기대가 커서일까? 이번 영종도 행에서 조금 실망스러웠던 점을 꼽는다면 내 그토록 마음속에 아껴온 마시란해변과 용유해변의 망가진 모습이다. 세상의 포장마차들이 전부 그곳으로 집결했는지 해변의 솔숲에 빽빽이 들어선 울긋불긋한 포장마차는 허름한 도시 뒷골목과 다름없다. 저 수많은 포장마차와 군데군데 쌓인 쓰레기와 오물을 보기 위해 영종도를 찾아가는 사람은 없을 것이다.

해변에 녹슨 닻들이 한가한
그림을 연출하고 있다.

한쪽에선 세계에서 손꼽히는 규모를 자랑하는 국제인천공항을 톱 뉴스거리로 다루지만 국제공항이라는 거창한 이름 뒤편엔 심란한 풍경이 자리잡고 있다. 낙조 아름다운 서해에서만 우리가 누릴 수 있었던 고유의 정서가 외면당하고 혼잡하고 쓰레기 넘치는 관광지로 전락되지 않을까 심히 염려스럽다.

나는 반드시 재정비하지 않으면 안 되는 곳으로 예전 눈부시게 아름다웠던 마시란해변을 마음의 수첩에 적어 넣는다. 그 한적하고 평화로웠던 마시란해변, 먼 추억 속에 간직해야할 그 물 맑고 고요한 곳.

그리고 나는 새로운 모도를 꿈꾼다. 모도에서는 오늘의 상처를 위로 받을 수 있을까? 아침나절 그렇게 펑펑 쏟아지던 눈발은 정오를 지나자 멈추었고, 영종도를 돌아 인천을 경유하여 집에 도착할 때까지 나의 무거운 마음처럼 하늘도 짙은 회색을 띠고 있다.

얼마 후, 그날의 실망을 만회라도 하듯 인천시는 마시란해변에 난립한 포장마차를 정비할 계획을 발표했다. 늦은 감은 있지만 이제야 안도의 숨을 쉬게 된다. 곧 아름다운 마시란해변의 모습을 다시 보겠구나 생각하니 벌써부터 가슴이 두근거린다. 낙조가 눈부신 그 깨끗하고 아름다운 바다 마시란이 그립다.

■ **가는 길**
영종도 : 서울 강변북로 → 자유로 → 방화대교 → 신공항고속도로 → 영종대교
실미도 : 인천공항 고속도로 영종대교 → 을왕리 방향으로 6㎞ 전진 → 잠진도선착장
카페리호로 5분 → 무의도 큰무리선착장 → 실미해수욕장 → 바닷길 도보(간조시 3시간만 가능)

■ **문의**
한국관광공사 : www.visitkorea.or.kr

그.곳.에.가.면

›› 영종대교

총 길이 4,420m, 교량 너비 35m, 주탑 높이 107m, 교각 수 49개로, 인천국제공항고속도로 구간 중 인천광역시 서구 경서동(장도)과 중구 운북동(영종도)을 연결하는 황해 횡단 다리이다. 아시아와 태평양 지역의 중추 공항으로서의 역할을 담당할 인천국제공항이 영종도에 건설됨에 따라 영종도와 인천광역시 육지부를 연결하기 위하여 1993년 12월에 착공, 2000년 11월에 완공했다.

›› 용궁사

사찰의 창건에 대해 분명한 기록은 없으나 사찰에서 전하는 바에 의하면 670년(문무왕 10년)에 원효가 창건했다고 한다. 그런데 이 용궁사의 전신은 백운사(白雲寺) 또는 구담사(瞿曇寺)라 불리던 사찰이었는데 근세 이후 거의 폐허가 되었던 것을 1864년(고종 1년)에 흥선대원군 이하응(李昰應)이 중건하면서 지금의 용궁사로 이름을 바꾸었다.

›› 영종도

인천광역시 중구 영종동에 속한 섬이다. 2001년 4월 현재 인천국제공항 건설에 따른 부지확장공사로 인해 면적은 공사 이전보다 훨씬 넓어진 63.81km²이고 3,470여 세대에 8,900여 명이 거주하고 있다. 서쪽과 서남쪽으로 신도(信島)·시도(矢島)·삼목도(三木島)·용유도(龍遊島)·무의도(舞衣島)와 마주하며, 삼목도·용유도와는 연륙도로로 이어져 있다.

›› 실미도

실미도는 이웃 섬 무의도와 개펄로 연결돼 있지만 하루 2시간 물이 빠져야 건널 수 있기 때문에 오랫동안 무인도였다. 30여 년 전의 비극을 상기시킬 어떤 흔적도 없는 평화로운 섬에 영화 '실미도' 제작을 위한 세트장이 세워졌었으나 현재는 철거된 상태이다.

›› 주변 가볼 만한 곳

용궁사, 백운산, 공항 홍보관, 용유도 을왕리, 장봉도, 실미도, 영종대교기념관

해변길

산책로 끝에 서서 보는 제부도해수욕장의 해안선은 느긋하고 아름답지만 역광의 바다는
금빛으로 물들어 과연 바다의 보석이라 할 만하다.

제부도의 일몰

바다 위를 걷는 인공 산책로

산책로 끝에 서서 보는
제부도 해수욕장의 해안선은
느긋하고 아름답지만
역광의 바다는 금빛으로 사랑스럽다.
인공 산책로지만 걸을 때마다
발바닥에 닿는 나무의 결이
조금도 거부감이 없다.
일몰을 볼 수 있다는 그것만으로도.
그러나 무엇보다 곧은 길이 용서가 되는 것은
곁에 바다가 있기 때문이다.

제부도의 일몰

이보다 아름다운 길이 또 있을까, 물 빠진 갯펄 수로를 따라 제부도로 지는 일몰.

음력 섣달 스무 엿새.

처음부터 제부도를 생각했다면 물때를 알아보고 출발하는 것이 상식이지만 그만한 생각조차 없었다. 남양을 지나 306번 도로를 타고 사강을 지나며 우회전을 고집했다면 대부도에 갔겠지만, 궁평리 쪽을 염두에 두었으니 309번 도로에서 직진하였다. 그러다 문득 제부도가 보고 싶다는 생각이 들었다. 그러나 제부도를 보는 것은 내 뜻만으로 되는 것이 아니고 바다가 길을 열어줘야 한다.

우리나라 서해에는 약 6개의 섬이 시간에 따라 길이 열리고 닫히는데, 그중 진도나 무창포는 한 달에 1번, 실미도나 제부도는 하루에 2번 길이 열린다고 하니 내가 원하는 제부도는 웬만하면 건너갈 수 있는 섬이기는 했다. 제부도(주민 약 600명 중 어업 종사자 400명, 상업 종사자 200명)는 건너 대부도에 비해 규모가 작아 대부도의 부속 섬 같은 이미지가 강하지만 수도권 지역에 몇 안 되는 백사장과 푸른 바다로 이루어진 넓은 해수욕장이 있어 어느 곳보다 인기가 높다.

서둘렀으나 매화리에 도착하니 시간은 정오가 다 되었다. 다행이다. 마침 바닷길이 열려 차들이 줄을 잇고 있다. 이 길은 화성군 서신면 송교리에서 제부도를 잇는 바닷길로 길이가 2.3km이다. 표를 끊고 들어가니 마치 남극에 와있는 듯 눈과 얼음 덩어리들이 길 양옆으로 가득하다. 고여 있던 바닷물이 그렇게 얼어 있는 것이다.

물길이 열리는 시간은 하루에 2번이지만, 오늘 길이 닫히는 시간은 13시 30분이라고 했다. 제부도에 건너가도 1시간 남짓 머물다 돌아오려면 마음이 조급해질 수밖에 없을 것이니, 줄줄이 섬으로 들어가는 자동차가 모두들 약속이나 한 듯 왼쪽으로 꺾어 매바위로 향한다. 제부도에선 그게 정석인 모양이다. 하지만 나는 오른편으로 핸들을 꺾어 방파제 쪽으로 접근한다. 선창 포장마차에선 조개구이 집이 손님을 부른다. 섬에 왔으니 한번쯤 조개구이를 맛보는 것도 좋으리라.

제부도의 볼거리, 즐길 거리는 크게 세 가지이다.

첫 번째는 해수욕장으로 선창 직진 삼거리에서 왼쪽으로 들어서면 나온다. 섬의 서쪽에 위치해 있으며 백사장 길이는 약 1.5km로 수심이 얕고 물이 맑아 해수욕장으로 손색이 없다. 서해 여느 바다와 다름없이 물이 빠지면 조개를 캘 수도 있다. 이 해수욕장은 늘 해수욕이 가능한 것이 아니라 밀물 때 몇 시간만 가능하다. 해수욕장을 따라 즐비하게 늘어선 식당에선 다투어 호객 행위를 한다. 한 바퀴 돌아보고 마음에 드는 해물과 조개구이 집을 찾아든다면 느긋하게 일몰을 감상하며 한 끼 식사를 즐기기엔 그만이다. 하지만 그 많은 식당 중 어느 곳을 택할 것인가는 고민하지 않을 수 없는 부분이다.

두 번째는 해수욕장 남쪽 끝에 붙어

매바위를 배경으로 한 남자가
새우깡으로 갈매기들을 유인하고 있다.

있는 매바위다. 예전에 매가 살았
다고 하여 붙여진 이름인데 5개였
던 바위가 이제는 3개만 남아 있
다. 간조가 되면 걸어서 갈 수 있
지만 만조가 되면 이 바위는 모두
바다에 잠겨 섬이 된다. 내가 본
눈과 얼음이 둥둥 떠다니는 만조
때의 매바위는 온전히 갈매기들의
천국이다. 친구끼리 연인끼리 섬

서쪽 해변인데 물이 차오르면 저 설치물 위를 걸어가
바다와 소통할 수 있다.

에 온 사람들은 모두 매바위를 배경으로 사진을 찍는다. 그만큼 인기 있는 곳이다.

　세 번째는 근래에 조성된 산책로이다. 이 산책로는 어디서도 쉽게 접할 수 없는
매우 이색적인 분위기를 연출한다. 이것은 방파제가 시작되는 곳에서부터 북서쪽
방향으로 약 1.5km가량 산 밑 갯바위를 따라 서쪽 해수욕장까지 이어진다.

　이 산책로 끝에 서서 보는 제부도 해수욕장의 해안선은 느긋하고 아름답지만 저
녁 무렵 역광의 바다는 금빛으로 물들어 과연 바다의 보석이라 할 만하다. 산책로
는 인공으로 다리를 만들어 세운 것인데, 아래 받침은 쇠기둥으로 되어있고 바닥
이나 난간은 모두 목재를 사용하여 춥지 않을 때 맨발로 걸으면 제 맛을 느낄 수
있다. 각 난간마다 젊은 연인들이 남기고 떠난 낙서의 흔적을 살펴보는 것도 흥미
롭다. "선영아, 사랑해.", "난 죽도록 너만을 사랑할거야.", "우리 오래오래 변치
말자.", "우리 우정 영원히!" 등 수많은 고백을 남기고 떠난 그들은 지금 어디서
무얼 하고 있을까.

가끔은 이런 여유도 필요하지 않겠는가, 넓은 백사장을 담소하며 걷고 있는 친구들.

　이 인공 산책로는 만조엔 긴 목재다리 아래가 대부분 물에 잠기지만 간조 때는 갯바위가 그대로 드러나 굴 같은 해조류를 캘 수도 있다. 일몰 시간에 이 다리를 걸어본 사람이라면 알 것이다. 지는 해가 얼마나 매혹적인지. 이곳의 매력은 친구나 연인끼리 어깨를 스치며 붉디붉은 일몰을 배웅하고 나서 한가하게 저녁을 맞는 것이다. 해가 지고나면 산책로엔 하나 둘 가로등이 불을 밝혀 서해의 운치를 더한다.

물 대신 얼음이 채워진 개펄 위로 해가 지고 있다.

이때 산책은 또 얼마나 그럴듯한지, 수평선으로 지는 일몰을 볼 수 있다는 것만으로도 부족함이 없다. 그러나 무엇보다 이 곧은 길이 용서가 되는 것은 곁에 바다가 있기 때문이다.

제부도 가는 길에서는 이런 갈대밭을 쉽게 볼 수 있다.

선창 포장마차에서 조개구이 한 접시를 시켰더니 크고 작은 조개와 굴 등을 섞어 주었다. '小자'를 주문했는데 계산할 때 보니 3만 원이다. 허술한 비닐 포장마차에서 먹은 조개구이치고는 조금 비싸다. 그만큼 내가 물가에 둔감한 것인가, 선창에서 맛본 핫도그보다 결코 흡족하지 못했는데 말이다. 이젠 조개구이도 주머니 가벼운 연인들에겐 부담이 될 듯하다.

제부도에 물이 빠지고 길이 열리면 섬으로 들고나는 차량의 행렬은 단연 볼거리다. 포구와, 선창, 계절에 따라 각종 해양 스포츠 등을 즐길 수도 있다.

때로, 마지막 배가 떠나고 자신의 의사와는 상관없이 섬에 갇히는 상상을 해보지 않은 사람은 없을 것이다. 설 연휴가 시작되는 분주한 시간을 쪼개 나들이에 나섰으니 서둘러 돌아가야 마땅하지만 바다는 나를 냉정하게 시간 맞춰 돌아가도록 허락하지 않았다. 매바위 백사장에서 미적거리다가 시간을 보니 1시 33분이다. 문을 닫는 시간이 1시 30분이니 설마 하고 전속력으로 달렸지만 문은 굳게 닫혀 있었다. 시계는 1시 38분. 물이 급하게 개펄을 채우고 있었다. 다음 길이 열리는 시간은 4시 30분, 그렇게 하여 나는 제부도에서 또 3시간을 벌었다.

해수욕장을 지나 다시 한 번 산책로를 끝까지 걸었다. 처음 걸을 때에 비하면 마음의 여유 때문인지 한결 편하고 충만하다. 석양을 만났다면 금상첨화겠지만 오늘은 조금 어려울 듯, 오후에 백사장을 걷다가 선창으로 돌아오니 시간은 어느새 5시를 향하고 있다. 언제 그 많은 자동차들이 섬의 늑골에 숨어 있었는지, 꼬리에 꼬리를 물고 육지로 돌아가는 차량행렬들, 그리고 육지에서 다시 섬으로 줄을 잇는 자동차들이 제부도를 건너 송교리에서 느리게 떨어지는 일몰을 뒤에 두고 걸음을 재촉한다. 약속 시간을 1시간 남겨두고 나는 시내로 급히 돌아와야만 했다. 아름다운 섬과 일몰과 그리움들을 그곳에 묻어둔 채.

■ **가는 길**

대중교통 : 수원역에서 400-1번, 999번 버스 이용. 제부도는 서신에서 하차 마을버스 이용
(마을버스는 바닷길 통행 시간에만 운행)

승용차 : 서해안고속국도 → 평택 방향 → 비봉IC → 남양 → 송산 → 서신 → 매화리

■ **문의**

경기관광공사 : www.kto.or.kr
화성시청 : www.hscity.net
바닷길 통행 시간 문의 : 031-357-2505

그 · 곳 · 에 · 가 · 면

>>> 제부도

하루 두 차례나 신비의 바닷길이 열리는 곳이다. 바닷길은 그 시간이 일정치 않아 물때를 알아보고 떠나야 한다. 섬 어디서나 개펄에 나가 손쉽게 굴이나 바지락 등을 잡을 수 있고 모래사장이 있는 해수욕장에서 물놀이를 즐길 수도 있다. 제부도해수욕장 인근에는 여러 가지 놀이시설을 갖춘 비치랜드가 마련되어 있다. 바다 한가운데 떠 있어 썰물 때 걸어서 갈 수 있는 매바위에서 보는 석양이 아름답다.

>>> 대부도

안산시 단원구 대부동으로 편입되기 이전에는 옹진군 대부면에 속해 있던 큰 섬이다. 그러나 섬이라고 해도 주민들은 대부분 어업보다 농업에 종사하고 있다. 시화 방조제가 완공되어 대부도에서 방조제를 이용하면 안산시와 시흥시를 불과 몇십 분만에 닿을 수 있다. 대부도 바닷가에는 선창은 물론 해안선을 따라 경관 좋은 곳이 많다. 또한 대부도 가는 길목은 섬과 섬을 잇는 색다른 드라이브를 즐길 수 있는 곳이다. 해안선 길이는 약 61km이다.

>>> 궁평리 포구와 해수욕장

수도권에서 멀지 않은 곳에 위치해 교통이 편리하고 위락시설, 송림, 해수욕장 등이 있어 가족 여행지로 좋다. 궁평리 포구는 서해안을 끼고 있는 해안선과 드넓은 개펄과 석양이 아름답다. 궁평리해수욕장은 만조 시에는 모래사장, 간조 시에 약 2km의 개펄이 형성된다. 해수욕을 하고 난 다음 우거진 해송 숲에서 휴식을 취할 수도 있다.

>>> 주변 가볼 만한 곳

오이도, 대부도, 남양 향교, 공룡알 화석지, 입파도, 궁평항.

숲길

간밤에 내린 폭설을 고스란히 안고 있는 삼나무들의 도열은 놀랍고도 신비롭다.

한라산 삼나무 숲

설국을
산책하다

가끔 인생도
조금 멀리에서 바라보는
이런 장치가 필요하지 않을까?
너무 가깝거나 너무 멀면
본질을 제대로 직시할 수도
인식할 수도 없을 테니
이쯤의 거리는
누구에게나 필요한 것일지도.

한라산 삼나무 숲

스물 몇 번째던가.

2월 끝자락에 떠나는 제주 여행은 참 애매하다. 한겨울도 아니고 그렇다고 유채꽃 기다리는 봄도 아닌 계절.

제주로 출발하던 날 신문 1면에서 우울증이 부른 한 여배우의 자살 기사를 보았다. 우울의 코드가 나를 따라온 것은 우연만은 아니었을 게다. 나는 묻지 않기로 한다. 왜, 무엇이, 스스로 삶을 포기하도록 만든 것인지를.

비행기에서 내려다 본 제주는 흐리다. 멀미 때문인지 바다 물빛도 마을도 길도 사람도 모두 흐리다. 그러나 땅에 발을 딛는 순간 회색의 갑갑함은 사라지고 드디어 살갗에 닿는 바람의 감촉이 탐라에 왔구나 싶었다. 내륙에는 아직 한파가 진행 중이어서 혹 제주도엔 봄이 와있지 않을까 하는 기대감이 사실은 없지 않았다.

공항에서 세부 지도 한 장을 챙긴다. 왜, 손안에 지도가 들려져야 비로소 여행의 감을 느끼게 되는 것일까, 공항 근처에서 네비게이션이 달린 차 한 대를 빌렸다. 안내하던 여직원이 내 얼굴을 살피더니 어디가 불편한지 묻는다.

"비행기를 안 타 봐서 그런지 촌스럽게 멀미가 좀 나네요."

그녀는 내 표정을 다시 또 살피더니 의심의 여지가 없다는 듯 더 이상 어떤 말도 걸지 않았다. 네비게이션을 갖춘 자동차가 있고, 안내지도가 있고, 가벼운 마음이 있으니 걱정할 일이 없다. 더구나 언어를 걱정하지 않아도 되는 대한민국 남쪽 섬 제주도에 발을 딛지 않았는가. 제일 먼저, 공항에서 가까운 용두암을 들렀다. 너무나 진부한 느낌이어서 매번 오히려 무시하고 마는 용두암.

"아름답고 인심 좋은 섬 제주도에 오신 것을 환영합니다."

네비게이션에서 흘러나오는 여자의 목소리가 날아갈 듯 가볍다. 아름답고 인심 좋은 제주인지 아닌지 어디 한 번 볼까. 충분하지는 않겠지만 시간이 되면 내륙을 피하고 해안도로를 샅샅이 뒤져 숨어있는 어촌을 둘러볼 참이다. 그리고 여건이 허락되면 한라산 등산을 포기하는 대신 오름을 올라볼 계획이다. 하지만 여행이 언제나 뜻하는 대로 되어본 적 있었던가. 불확실한 것들에 대한 기대감, 바로 그것이 여행 아니던가.

해녀들이 갓 잡아온 조개나 전복, 멍게를 파는 아주머니들, 그 주변에 혼자 해삼

두 노인과 한 마리의 강아지가 방파제에 앉아 세월을 기다리고 있다.

물질을 마친 해녀들이 휴우~ 긴 숨비소리를 내며 물 밖으로 나오고 있다.

한 접시에 바다와 소주를 홀짝거리는 중년의 사내 때문에 조금 실망스러운 기억이 전부였던 용두암. 한때는 근처에 친구가 살았고 친구 집에서 잠을 잔 날은 아침 산책을 자주 했던 곳이기도 하다. 솟구쳐 오르는 파도의 포말이 용이 승천하는 모습이라 하여 용두암이라 이름 지어졌다고 한다. 어쩌면 저 바위는 용을 닮았기보다는 오랜 세월 파도가 만들어낸 바다의 물무늬가 아닐까.

주차장을 나와 탑동을 거쳐 국제선 부두를 둘러보고 부두 끝 방파제에서 낚시꾼들과 물질하는 해녀들을 만났다. 망망한 바다를 바라보며 방파제에 나란히 앉아 두런두런 이야기를 나누는 두 노인 곁에 있는 강아지 한 마리가 분주하다. 앞에 보이는 바위굴은 이름도 우스꽝스러운 '사리봉 콧구멍굴' 이란다. 차를 돌려 사리봉으로 오른다. 사리봉 등대에 오르면 시야가 탁 트여 제주부두가 한눈에 안겨와 후련하다. 왼편 언덕을 따라 바다를 끼고 걷는 사리봉산책로도 신선하다.

다음 코스로는 조천이 눈에 들어오지만 피로가 몰려와 아껴두기로 하고 동문시장으로 향한다. 여행 첫 날이니 그쯤에서 싱싱한 해물 찬거리를 준비해 숙소로 돌아온다. 여행 플랜을 체크하며 넉넉한 저녁시간을 보내리라 생각하면서.

동문시장은 제주시의 오래된 재래시장으로 규모가 매우 크다. 특히 어물전과 야채 과일전은 미로를 따라 한참을 걸어도 끝이 없다. 동문시장에서 아귀, 한치, 물미역, 봄배추, 풋고추 등을 샀다. 모두가 이 곳에서 나는 싱싱한 것들이다.

예약된 숙소는 평소 바다만을 고집하던 때와는 다르다. 한라산 중턱 11번 도로 근처에 절물휴양림

도열하듯 서 있는 한라산의 삼나무들은 숲을 숲이게 하는 주인공들이다.

이 있고 '거친 오름'과 '바늘 오름' 근처 콘도에 도착한 것은 해가 질 무렵이었다. 608호 '럭셔리룸'이라는 이름에 걸맞게 위치나 시설, 특히 욕실과 거실이 마음에 든다. 콘도미니엄 뒤쪽으로는 한라산이 있고 정면에는 제주시와 바다가 보인다. 조금 먼 거리감 때문인지 바다는 꿈처럼 아련하다. 가끔 인생도 조금 멀리에서 바라보는 이런 장치가 필요하지 않을까. 너무 가깝거나 너무 멀면 본질을 제대로 직시할 수 인식할 수도 없을 테니 이쯤의 거리는 누구에게나 필요한 것이다.

반짝 해를 보이던 날씨는 다시 흐렸다. 몸을 씻고 남은 해가 아까워 서귀포로 향한다. 지난봄에 머문 칼호텔의 정원이며 해안도로가 친근하다. 날씨가 흐려 보름달을 볼 수 있을까 했는데 서귀포항 방파제에서 보름달을 보았다. 내게 빌 소원이 있다면 무엇일까 생각하다가 역시 '그분 뜻대로'라는 마음의 체면으로 대신한다.

어부들 돌아가고 없는 서귀포항, 지난해의 기억을 더듬어 서귀포 앞 바다의 작은 섬들을 떠올린다. 섶섬, 새섬, 문섬, 그리고 범섬, 생각해 보니 제주도로 날아올

등대 앞에서 바라본 제주항.

때마다 가장 많이 가는 곳이 서귀포였다. 물론 그만큼 볼거리, 즐길 거리가 많다는 말이기도 하지만, 그간 내 여행도 편식증이 만만치 않았구나 싶어 돌아보는 마음이 씁쓸하다. 그러나 오늘처럼 보름달이 휘영청 떠오른 서귀포 항은 낮 동안 삶의 열기로 들끓었던 것과 달리 사뭇 정적이다. 바람 불어 난폭했던 바다조차도 다분히 그러하다. 숙소로 돌아가는 11번 도로는 감귤상자에서 눈에 익은 '토평'이라는 지명과 상효동의 돈내코 관광지, 수악계곡 등이 있지만, 여름이면 활엽수로 덮인 숲 터널과 겨울에 눈에 덮인 삼나무 길은 특히 매혹적이다.

아침에 커튼을 열어보니 세상이 온통 하얗다. 강풍과 함께 몰아치는 눈발은 좀처럼 그칠 기미를 보이지 않는다. 제주행 비행기를 타면서부터 잔뜩 봄을 기대했었는데 오히려 폭설로 한겨울의 느낌이 짙다. 아침 뉴스에 한라산 중턱 이상은 눈이 내리고 제주시에는 비가 온다는 예보를 접했다. 이 좁은 섬나라도 이렇게 다르구나 실감하는 일이 흥미롭다.

숙소를 벗어나 516도로를 들어서니 마른 가지마다 눈을 달고 있는 한라산이 온통 눈 세상이다. 간신히 절물 자연휴양림 앞에서 차를 세우고 인심 좋은 제주 아저씨의 도움을 받아 체인을 감고 나니 조금 안심이 된다.

절물 자연휴양림을 지나 얼마 안가면 양옆으로 길게 늘어선 삼나무 터널이 있다. 쭉쭉 하늘로 곧게 뻗은 삼나무의 말쑥한 폼이 예사로운 잡목이 아님을 보여준다. 쌓인 눈 때문에 차량의 통행이 드물다. 아직은 이른 시간이어서 간밤에 내린 폭설을 고스란히 안고 있는 삼나무들의 도열은 놀랍고도 신비롭다.

겨울 한라산은 매번 늘 이런 눈꽃세상을 펼쳐 보인다.

나는 몇 번인가 비상등을 켜고 좁은 오솔길에 숨어 들어가 카메라 셔터를 눌렀다. 발목이 눈에 빠져 걷기가 난감했고 얼마 못 걸어 내 무릎 아래쪽은 모두 젖어버렸다. 잔뜩 봄을 기대하고 온 제주도인데 눈 덮인 겨울 한라산의 진수를 오늘 여기서 만나게 될 줄이야. 이태 전 겨울 한라산을 오른 기억을 되살려 나는 올라가지 못하는 나머지 코스를 마음으로 그려보았다. 눈을 헤치고 길에서 조금 안쪽으로 들어가니 포근하기 그지없다. 겨울 숲이 따뜻하다면 여름 숲은 서늘하다고 했던가.

성판악 휴게소에 이르자 '입산 통제' 라는 팻말이 선명하다. 성판악 휴게소를 기점으로 조심스럽게 달려 숲 터널을 내려서니 그때서야 눈발이 조금씩 가늘어지고 있다. 곧 눈은 비로 바뀌어 흐린 하늘을 더욱 흐리게 만들었고 아쉽게도 등 뒤의 한라산도 구름 속에 자취를 감추고 없다. 나는 조심스럽게 차를 몰아 516도로를 내려서는 끝점에 당도하기도 전, 눈 속에 갇힌 그 꿈만 같은 한라산의 삼나무 숲이 다시 그리워졌다. 그 품을 벗어나면 모두가 그 품이라고 했던가, 한라산을 벗어나면 제주도 어디서든 한라산을 볼 수가 있으니 실로 위안이 아닐 수 없다.

■ **가는 길**
제주도 동부산업도로와 1112번 도로가 만나는 대천동 사거리 → 성산일출봉 쪽 도로변
대천동 사거리 → 1112번 지방도 대천~송당간 도로 → 건영목장 입구
북제주군 구좌읍 송당리 산 164-1(송당마을 남쪽 2km지점)
■ **문의**
제주시청 : www.jejusi.go.kr

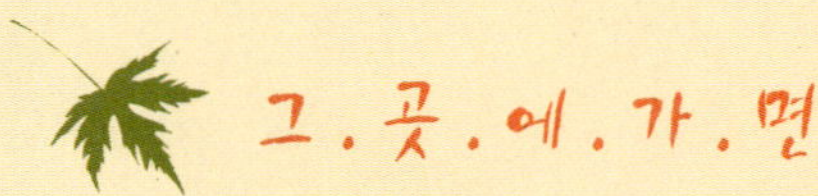

>>> 한라산 삼나무 숲

탤런트 박신양이 출연하는 자동차 광고 중 멋진 침엽수림이 늘어선 길을 달리는 장면을 기억하는가? 울창한 침엽수림 때문에 아마 많은 사람들이 우리나라에서 촬영한 광고가 아니라고 여겼을 것이다. 하지만 그 광고는 바로 이곳 한라산 삼나무 숲에서 촬영한 것이다. 제주도에 가면 침엽수가 양쪽으로 늘어선 아름다운 길을 만날 수 있다.

제주시에서 한라산 옆을 지나 서귀포로 향하는 516도로를 따라 가다가 교래리 방면으로 좌회전을 하면 침엽수가 빽빽이 늘어선 곳을 지나게 되는데 그곳이 바로 앞서 말한 광고 촬영지이다.

삼나무 풍경이 그야말로 아름답게 그려진 곳은 '이재수의 난', '연풍연가'의 촬영지로 유명한 아부 오름 옆 삼나무 숲길이다. 이 길은 아부 오름이 영화촬영지가 되면서 외부에 알려졌다. 50~60m 높이의 삼나무가 폭 2~3m의 길 양쪽으로 빽빽하여 그 끝이 보이지 않을 정도이다. 특히 도로변에만 나무가 있어 그 모양새가 매우 특이하다.

이 삼나무 길은 2km 길이에 중간 지점쯤에서 양옆으로 각 100m 길이의 길이 나 있어서 위에서 내려다보면 열십자 모양을 하고 있다. 이승만 전 대통령도 이곳 주변에 별장을 지어 자주 휴양을 왔을 정도로 주변 경관이 뛰어나다.

삼나무 길을 통과하면 나오는 아부 오름의 빼어난 절경을 볼 수 있다. 표고 100m에 수중에서 솟아난 화산인 탓에 분화구 주변이 넓게 퍼진 형상이라 그 모양 또한 특이하다. 10여 분 정도 걸으면 정상 분화구에 도착하는데 멀리 성산일출봉과 우도가 아련하게 보이며 뒤를 돌아보면 한라산 백록담도 한 눈에 볼 수 있는 전망 좋은 곳이다.

시선을 돌리면 풀을 뜯는 가축들의 모습이 그림 같이 펼쳐진 초지가 보이는데 그곳은 ㅁ자형으로 삼나무가 둘러싸여 있다. 분화구 안에 마치 인공적으로 심어놓은 듯한 삼나무가 작은 원을 그리고 있으며, 봄에는 특히 아부 오름 주변이 온통 이름 모를 야생화로 뒤덮여 환상적인 분위기를 자아낸다.

>>> 주변 가볼 만한 곳

절물 자연휴양림, 명도암 관광휴양목장, 봉개 관광휴양단지 등

오랜 격정의 시대를 거쳐왔지만 누구도 아름드리나무를 해할 수 없었던 제주의 수호목 비자나무.
보고 또 보고 아무리 보아도 잘 생기고 늠름한 나무이다.

제주 비자림

비자림에서
무엇을 보았을까요?

걷다 보면 몸이 속도를 감지하게 되고
모래밭에 이름과 사랑을 새기고 걷는
연인 한 쌍이 저녁바다에
서럽도록 아름다운 실루엣을 남긴다.
서로 마주보고 바다를 배경으로
사진을 찍고 숙소로 돌아가는 연인들….
해안 절벽, 창 하나 겨우 있을 뿐인
바위틈에 숨은 듯 앉아있는
소박한 집 한 채가 마음을 끈다.
저 정도의 풍경이라면
바다와 동거를 꿈꾸어도 좋을 듯하다.

제주 비자림

　　오늘은 남제주 동부와 북제주 동부를 돌아볼 참이다. 그러니까 어제 저녁 넘었던 516도로를 이용해 서귀포에서 남원읍, 표선면, 성산읍, 구좌읍, 조천읍을 돌아 제주시에서 다시 숙소로 돌아오는 코스이다.

　　서귀포를 내려서며 돈내코관광단지라는 이정표를 따라 우측으로 핸들을 돌린다. 도대체 왜 하고 많은 이름 중 '돈내코'일까. 관리사무실을 찾아가니 서귀포를 소개하는 책자 한 권을 주며 건너 계곡으로 내려가 보란다. 관리인의 말을 따라 아래로 내려서니 맑은 물과 크고 작은 바위와 나무가 어우러진 제법 깊은 계곡이 기다리고 있다. 계절이 계절이니 만큼 사람은 그림자도 없고 여기저기 무속인들이 피우다 만 양초와 제물로 바친 음식 찌꺼기들이 눈살을 찌푸리게 한다. 그렇게 궁금했던 돈내코는 음습한 그림자만 가득하여 방문이 후회스러울 뿐 그곳의 누구와도 사귀지 못한 채 돌아서고 만다.

　　차를 돌려 망장동을 거쳐 위미리로 향한다. 강풍을 동반한 빗줄기가 그칠 기미를 보이지 않는다. 잠깐 차에서 내려 나지막한 어촌의 풍경과 조우해 보지만 험한 날씨 때문에 여유가 없다. 그러나 나를 달뜨게 만드는 저 풍경, 위미리 앞 바다 수없이 많은 갈매기떼들, 나는 카메라를 들고 날고 앉기를 반복하는 갈매기들에 초점을 맞추고 있었다. 저렇게 많은 바닷새들의 군무를 보다니, 나는 한동안 마음을 가라앉히지 못하고 이리 뛰고 저리 뛰면서 날아오르는 새떼를 열심히 카메라에 담았다. 추위도 비도 잊은 채.

해안 절벽, 창 하나 겨우 도드라진 바위틈에 숨은 듯 자리를 잡은 집 한 채가 마음을 끈다. 저 정도의 풍경이라면 바다와의 동거도 좋을 듯하다.

위미마을 작은 포구에 두 척의 목선이 나란히 옆구리를 기대 쉬고 있다. 평화로워라, 두 척의 푸른 목선, 건너 항구에도 많은 배들이 있는데 왜 나는 저 작은 두 척의 목선에만 마음이 가는 것일까. 위미항구에도 갈매기들은 바람을 피해 가득 내려앉아 있어 돌 몇 개 던져보지만 날아오르기는커녕 꿈쩍도 않고 동네 개들만 시끄럽게 짖어댈 뿐이다. 다음 행선지는 남원 태흥리를 거쳐 표선해수욕장이다.

위미마을, 바람이 불고 추웠지만 새들은 끊임없는 날갯짓으로 제 존재를 알리고 있다.

천혜의 넓은 백사장을 자랑하는 표선해수욕장, 여름이었으면 사람 홍수에 감히 접근할 생각조차 못했겠지만 겨울은 다르다. 언제 그렇게 많은 사람들이 있었나 싶게 한적하다. 파도소리, 바람소리만 있는 겨울바다는 나 같은 여행자들이 즐기기에 안성맞춤이다. 표선에선 멀리 일출봉이 눈에 들어와 성산이 멀지 않다는 걸 알려 주었다. 여름 내내 사람들에게 빼앗겼을 표선해수욕장의 빈 백사장을 한가롭게 지키고 있는 것 역시 갈매기들뿐이다.

섭지코지로 향하는 길목 온평리 해변에는 도로를 따라 길고 긴 환해장성(120km)의 돌탑들을 볼 수 있다. 정말 이 정도의 길이가 되는지 확인할 길은 없지만 이 탑은 북제주 세화리로 가는 내내 이어진다. 해안가의 나무들은 작은 키에 상체가 거의 육지 쪽으로 기울어 있다. 바람을 피해 저리 되었겠으나 자연에 순응하는 모습이 진지하다.

섭지코지로 가는 관문 신양리, 신양해수욕장의 물빛은 아름답다. 나는 제주 바다 물빛이 그토록 다양한 빛깔을 가지고 있다는 사실에 다시 한 번 놀란다. 남태평양해변에서 사람들이 다투어 아름다운 물빛을 예찬했지만 그곳 물빛이 어디 제주도 물빛만 한가, 나는 다시 한 번 매혹적인 제주 바다 물빛에 마음을 빠뜨리고 만다.

섭지코지는 명성에 맞게 언제 가도 여행자들로 붐빈다. TV 드라마 '올인'의 촬

유채밭에 철퍼덕 앉아서 보았던 일몰, 멀리 한라산 봉오리로 넘어가고 있다.

영지로 알려지면서 더욱 많은 관광객들의 시선을 받게 된 이곳에선 물질하는 해녀들을 쉽게 볼 수가 있다. '올인'의 세트장보다 더 마음이 가는 것은 긴 휘파람소리를 내며 물 위로 떠오르는 앞바다에서 물질하는 해녀들이다. 무엇이 저들을 저토록 험한 바다 한가운데서 생을 견디도록 하는 것인지.

바람과 돌과 여자가 많은 섬, 거듭 확인하게 되는 것은 역시 제주도는 삼다도라는 것이다. 가는 곳마다 바람이고, 딛는 곳마다 돌이며, 만나는 사람마다 해녀이다. 섭지코지의 바람은 참 모질어서 건너 성산일출봉을 날려버릴 듯한 기세다. 다행히 빗방울은 가늘어져 아침나절 516도로를 달릴 때의 폭설은 꿈이었나 싶다.

일출봉을 뒤에 두고 성산포구를 돌아본다. 건너 우도가 손에 잡힐 듯 가깝다. 폭풍 때문에 우도행 배는 결항이다. 성산포구를 돌아 오조리로 들어선다. 거기 기억 속 오조리 어촌계 '해녀의 집'에서 점심을 해결하기 위해서이다. 아니 해결이 아니다. 그 맛있는 전복죽을 나는 시시때때로 그리워하지 않았던가. 제주도에서만 맛볼 수 있는 우무와 유채나물이 식탁에 오르는, 소라 한 접시에 엷은 쑥빛 전복죽

한 그릇, 그야말로 성찬이었다. 지난봄에 비해 전복죽 값이 500원 인상된 것을 제외하면 맛도 양도 달라진 것이 없다.

든든한 점심 때문인지 걸음이 다시 한가해졌다. 종달리해변을 지나 하도리로 향한다. 세화 구좌읍사무소가 있는 삼거리에서 내륙 쪽으로 얼마 안가면 거기 내가 좋아하는 비자림이 있다. 비자림을 만나지 않고 제주 여행을 말할 수야 없지. 시계를 보니 5시가 가깝다. 저만큼 왼편으로 다랑쉬 오름이 눈에 들어오고 오른쪽으로는 둔지봉이 잡힐 듯하다. 제발 입장불가가 아니기를 바라는 마음으로 남은 거리를 확인한다. 도착하니 4시 50분, 매표소 직원은 5시 30분까지 입장이 가능하다며 표를 끊어준다. 곧 해가 질 것이기에 좀 오래 머물고 싶어도 그럴 수 없어 마음이 바쁘다.

야트막하고 자상한 돌담을 지나 비자림 입구에서 1번 명패를 단 나무를 확인한다. 수백 년 된 비자나무, 그 많은 비자나무 중에서 어떤 나무가 주인공인지 궁금했기 때문이다. 기대가 크면 실망도 크다고 했던가. 생각보다 1번 나무는 작고 초라하기까지 하다. 그러나 2,800여 그루의 비자나무 중에서 고작 1번이니 미리 실망할 필요는 없다.

비자나무 숲은 올 때마다 새롭다. 연두색 톤을 이루는 나무의 표피, 주목의 튼튼

검은 화산석 사이로 피어나는 유채꽃.

비자나무의 아름다움은 자유로운 기상과 그윽한 기품에 있다.

한 잎을 연상하게 하는 녹색 이파리, 지금은 때가 아니라서 열매와 꽃은 볼 수가 없지만 주변의 키 낮은 활엽수들이 잎을 떨군 겨울이다 보니 비자나무의 자태는 더욱 돋보일 수밖에 없다. 해질 무렵 한적한 비자림을 걷는 맛이 오늘따라 신선하다. 오랜 격정의 시대를 거쳐왔지만 누구도 아름드리나무를 해할 수 없었던 제주의 수호목 비자나무. 보고 또 보고 아무리 보아도 잘 생기고 늠름한 숲이다.

이제 추위도 사라지고 산책의 여유만이 나를 위로해준다. 숲을 빠져 나와 제주 4·3사건의 아픈 상흔을 간직한 다랑쉬 오름에 눈을 떼지 못한다. 올해 국가적인 차원에서 4·3사건의 피해 가족들을 위한 대책이 있을 것으로 예상되지만 본인이 아닌 그 누구도 그들의 고통을 헤아릴 수는 없을 것이다.

출구로 나오니 6시가 훌쩍 지나 있었다. 매표소 근처에서 2803번이라는 명패를 단 비자나무를 확인하는 일이 왜 그토록 감동적인지, 나는 그때의 기분을 지금 여기에 설명할 길이 없다.

다시 차는 세화 삼거리에서 좌회전을 한다. 흐린 하늘에 말간 해가 곧 떨어질 참이다. 서둘러 김녕해수욕장 지나 함덕해수욕장을 고집한다. 물빛 아름답기로 함덕해수욕장 만한 곳도 없다는 내 낡은 기억 속의 완강한 고집.

벌써 몇 번째인가, 이상하다 왜, 나는 매번 어둠이 내릴 무렵에야 함덕에 오는 것인지, 마을 뒤쪽으로 해가 지고, 하나 둘 해안마을에 불이 들어오고 있었다. 모

저 길을 걸어보지 않고 어떻게 숲을 말하랴.

래밭에 그들의 이름과 사랑을 새기고 걷는 연인이 저녁바다에 서럽도록 아름다운 실루엣을 남긴다. 마주보고 바다를 배경으로 사진을 찍고 저만치 숙소로 돌아가는 연인들이 천천히 시야에서 멀어진다.

갯바위 나가는 길 입구 주차장에서 흰색 프라이드 한 대를 보았다. 주차장이라 하지만 자동차가 한 대뿐이어서 그 차를 기억하는 일은 어렵지 않았다. 추위 때문인지 차는 시동을 켜고 있었는데 차에는 살림살이로 보이는 그릇이며 옷가지들이 쌓여 있어서 사람이 있는지 분간하기조차 쉽지 않았다. 왜 이삿짐을 실은 차가 이 늦은 시간에 함덕에 있는 걸까.

갯바위 끝을 서성거리다가 주차장으로 돌아오니 문제의 프라이드는 아직도 그 자리를 지키고 있다. 자세히 보니 한 남자가 운전석에 머리를 박고 엎드려 있었고 그 곁에 여자가 어둠에 묻힌 바다를 망연자실 바라보고 있었다. 잠깐의 풍경이었지만 그 두 사람은 참 애잔하면서도 뭔가 석연치 않은 풍경을 보여준다. 뒤로 돌아

가 차를 살피니 공교롭게도 프라이드는 전남 넘버를 달고 있다. 대체 무슨 사연이 있기에 차 가득 남루한 세간을 싣고 춥고 바람 불고 날까지 어두운 함덕에서 한 남자는 운전대에 머리를 박고 한 여자는 초점 잃은 눈으로 하염없이 저녁바다를 보고 있는 것일까. 이정표를 따라 어느 시인의 포구기행이 떠오르는 조천으로 향하는 길은 내내 쓸쓸하고도 절망

가득한 부부의 그림이 마음에 밟혀 무겁기만 하다. 조천을 거쳐 다시 제주 동문 시장에 들렀으나 조금 전과는 달리 아무것도 사고 싶지도 갖고 싶지도 않다. 전라도에서 제주도까지 떠밀려온 한 가족의 절망과 내 염치없는 식욕은 대체 무슨 관계가 있는 건지.

나는 느린 산책의 진정한 의미를 저 길에서 거듭 확인하였다.

간밤 함덕에서 만난 두 사람이 내 침대에서 나란히 자고 있는 꿈을 꾸었다. 나는 꿈속에서도 꿈이 아니기를 바랐는데 깨어보니 꿈이었다. 일어나 차 한 잔을 마시는 동안에도 마음은 그들을 지우지 못한다. 짧은 여행에서 잠시 스쳐간 인연에게 어설픈 집착과 연민을 보여 뭘 어쩌자는 것인지.

비자나무의 학명은 'Torreya nucifera' 인데, 종명인 'nucifera' 는 '딱딱한 열매' 라는 뜻을 가진 'nuc-' 라는 명사와 '만들어내다' 라는 뜻을 가진 'fer-' 라는 동사의 합성어이다. 이것은 나무의 열매가 단단한 껍질을 가지고 있음을 말한다. 비자나무는 암꽃과 수꽃이 각기 다른 나무에서 피는 사철 푸른 나무로서 높이 25m, 가슴높이 지름이 2m까지 자란다. 잎은 줄기를 중심으로 깃털처럼 나 있는데, 끝이 뾰족하며 길이는 3~4cm 정도 된다. 소나무와 잣나무 잎의 수명에 비해 비자나무 잎의 수명은 두세 배나 높다. 바람에 날려 온 수꽃가루가 4월쯤 피는 암꽃 머리에 앉으면 이듬해 가을 붉은 자주색 열매를 맺는다.

비자림 입구, 뒤편으로 제주의 아픈 역사를
간직한 '다랑쉬 오름' 이 보인다.

비자나무는 본래 제주도와 전라남도, 경상남도 같은 따뜻한 지방에서만 자란다. 특히 제주 비자림은 1993년 천연기념물 제374호로 지정되었으며 문화재청에서 소유·관리하고 있다. 구좌읍 평대리에서 서남쪽으로 6km 되는 지점에 448,165m² 면적에 500~800년생 비자나무 2,570그루가 군락을 이루는 비자림은 단순림으로는 세계 최대규모이다. 나무의 높이는 보통 7~14m, 지름은 50~110cm, 수관 폭은 10~15m에 이른다.

이곳에 비자나무 숲이 이루어진 유래는 마을의 무제(巫祭)에 쓰이던 비자 종자가 사방으로 흩어져 자란 것으로 추정된다. 예로부터 섬의 진상품으로 바쳤던 비자나무의 열매인 비자는 구충제로 쓰였고, 음식이나 제사상에도 올랐다. 지방분이 있어 비자유를 짜기도 하는데, 기관지 천식이나 장 기능에 효험이 있다. 나무는 재질이 좋아 고급 가구나 주로 바둑판을 만들 때 사용되어 왔다.

이 비자림에서 수령이 800년 이상으로 추정되고 있는 최고령 목은 높이 25m, 둘레 6m로 비자나무 중에서도 주목이다. 그 밖에도 흑난초, 나도풍란, 콩짜개란, 비자란 등 희귀한 난과 식물도 공생하며, 자귀나무, 아왜나무, 천선과나무, 머귀나무, 후박나무 등 다양한 수종들이 어울려 숲을 이루고 있다.

■ **가는 길**
제주시에서 동쪽으로 12번 일주도로 → 북제주군 구좌읍 평대리 → 평대초등학교 정문 서남쪽 1112번 도로 → 5.5km 전방

■ **문의**
북제주군 관광지관리사무소 / 064-783-3857

그 · 곳 · 에 · 가 · 면

››› 비자림

천연기념물 제374호로 지정 · 보호되고 있는 비자림은 448,165㎡의 면적에 500~800년생 비자나무 2,800여 그루가 밀집하여 자생되고 있다.

나무의 높이는 7~14m, 지름은 50~110cm 그리고 수관 폭은 10~15m에 이르는 거목들이 군집한 세계적으로 보기 드문 비자나무 숲이다. 예로부터 비자나무 열매인 비자는 구충제로 많이 쓰여졌고 나무는 재질이 좋아 고급 가구나 바둑판을 만드는 데 사용되어 왔다. 비자림은 나도풍란, 풍란, 콩짜개란, 혹난초, 비자란 등 희귀한 난과 식물의 자생지이기도 하다.

녹음이 짙은 울창한 비자나무 숲 속의 삼림욕은 혈관을 유연하게 하고 정신적, 신체적 피로회복과 인체의 리듬을 되찾는 자연건강 휴양 효과가 있다.

또한 주변에는 자태가 아름다운 기생화산인 월랑봉, 아부 오름, 용눈이 오름 등이 있어 빼어난 자연경관을 자랑하고 있을 뿐만 아니라 가벼운 등산이나 운동을 하는 데 안성맞춤인 코스이며 특히 영화 촬영지로서 매우 각광을 받고 있다.

이 지방의 특산물인 비자열매는 예로부터 민간과 한방에서 귀중한 약재로 널리 쓰여지고 있으며 고서에서는 "눈을 밝게하고 양기를 돋군다"라고 하였고 강장 장수를 위한 비약이라 하였다. 효능으로는 콜레스테롤 제거, 고혈압, 요통, 빈뇨 예방치료, 기침, 백탁을 다스리고 폐 기능 강화, 소화촉진, 치질, 탈모, 기생충 예방에도 좋다.

또한 비자림 주변 농가에서는 자연산 더덕을 재배하고 있는데 더덕은 『신농본초경』, 『본초강목』, 『간역방』 등 고대의 한방 기서와 민간요법에서 뛰어난 약효를 인정받고 있어서 사삼(沙蔘)이라고도 불린다.

인삼, 현삼, 단삼, 고삼과 함께 5삼 중에 하나로 치고 있으며 성질은 차지도 덥지도 않아서 인삼을 못 먹는 사람에게 좋다.

신체기능으로는 필수지방인 리놀렌산, 칼슘, 인, 철분 등을 많이 함유하고 있어서 뼈와 혈액을 건강하게 유지하는 데 특효가 있다.

››› 주변 가볼 만한 곳

만장굴, 미니월드, 산굼부리, 소인국, 성읍민속마을, 미천굴 등

해변길

나는 해안도로를 달리면서 무엇을 보았던가, 바다였던가, 산이었던가, 하늘이었던가,
아니면 회색을 담보한 우울이었던가, 우울을 박차고 날아오른 희망이었던가.

어둠 속 비양도

바람 위를 걷다

수월봉을 내려서서 해안도로를 따라
용당리로 이어지는 길은
어느 한 구비 바다를 끼지 않은 곳이 없다.
차귀도나 와도를 보며 드라이브하는 것도 좋지만
천천히 걷기에 그만인 길이다.
비양도를 더욱 신비롭게 하는 어둠,
나는 차에서 내려 사진 몇 컷을 찍었다.
어둠 속으로 사라지는 비양도는 왜 이리 아름다운가!
겨울, 그것도 해 저무는 협제는 왜 또 그리 아름다운가!

어둠 속 비양도

　오늘 일정은 서귀포가 시작이다. 그러니까 남제주 서부와 북제주 서부를 돌아보는 코스로 산방산, 용머리해안, 송악산을 거쳐 대정 모슬포항, 차귀도와 와도가 가까운 수월봉을 지나, 비양도가 보이는 협제해수욕장을 거쳐 애월을 둘러볼 참이다. 서귀포에선 평소 많이 접한 정방폭포, 천지연폭포, 천제연폭포, 주상절리, 월드컵 경기장, 외돌개 중문해수욕장 등은 제외하고 범섬이 가장 가까운 법환동으로 향한다. 법환포구는 작지만 마을이 바다와 동일한 번지를 가질 만큼 가까워서 바다에 마을이 있는지 마을에 바다가 있는지 구분이 어렵다. 포구 곁 마을 빨래터 역시 그곳이 바다에 주소를 두고 있다는 걸 의심하지 않게 한다.

　섬 속의 섬이라면 우도, 토끼섬, 비양도, 차귀도, 추자도, 마라도, 가파도, 문섬, 섶섬, 범섬을 꼽을 수 있다. 아침 햇살 아래, 동네 아주머니들이 이야기를 나누며 방망이를 두드리며 빨래하는 모습이 김홍도의 풍속도를 연상하게 한다. 그들이 주고받는 제주 방언이 파도소리에 섞여 그림을 더욱 그림답게 하는 우물가.

　꼬마에게 앞에 있는 섬을 가리키며 무슨 섬이냐 물으니 범섬인데 사람은 살지 않고 토끼나 염소 같은 짐승들이 살고 있다고 설명해 주었다. 가봤냐고 하니 가보지는 못했다며 머쓱해 한다. 늘 그렇다. 곁에 있는 것은 곁에 있어서 못 가는 법이다. 서귀포의 문섬과 범섬은 천연보호구역으로 지정된 섬이 아니던가. 해안을 따라 집과 집 사이로 연결되는 골목길은 다정하기 이를 데 없다. 담 위를 장식한 소라껍질이 범섬을 더욱 끌리게 하는 법환 마을, 마을 중간에 위치한 야트막한 화이트 하우스가 지난 겨울 친구가 머물다간 그 펜션이리라. 근처에 차를 세우고 갯바위에 나가 보는 철썩이는 파도의 느낌이 싱그럽다. 오늘은 어제와 다르게 풋풋한 햇살을 즐길 수 있어 다행이다. 범섬 중간, 작은 바위에 새들이 까맣게 모여 있었는데 가마우지지 싶다. 법환동은 포구마을답게 역시 바다에 발목을 적시고 있는 건강한 마을로 저 멀리 서귀포 70리 바위 절벽의 위용이 늠름하게 눈에 들어온다.

굴비의 고장인 전라도 법성포구를 연상하게 하는, 그러나 조금도 법성포구를 닮지 않은 법환포구를 뒤로 하고 산방산 용머리해변으로 향한다. 산방산 입구 봉수대에서 내려다보는 화순해수욕장의 해안선은 압권이다. 모든 것을 날려 버릴 듯한 바람만 아니라면 한나절 해안으로 달려와 부서지는 하얀 파도의 포말을 바라보는 한가함을 즐기고 싶은 곳이 바로 화순해수욕장이다.

그러나 오늘의 바람은 느림이나 한가함을 탐할 수조차 없게 한다. 화순해수욕장 백사장에는 사륜 오토바이를 타고 달리는 젊은이들이 눈에 들어온다. 젊음보다 강

한 무기는 없다.

　해안선을 왼편에 두고 용머리해안으로 내려선다. 추위에 간신히 꽃을 피운 유채밭 끝에 불쑥 나타난 배 한 척을 보는 순간 네덜란드 출신인 헨드릭 하멜의 표류기(이 표류기는 VOC의 Sperwer 호가 조선의 제주도 해안에서 좌초된 8월 16일부터 일본 나가사키에 도착하기까지 8명의 선원들이 자신의 운명과 조선에 대해 묘사한 내용으로 이루어져 있다.)의 한 구절을 상상하는 일은 어렵지 않다. 서양인으로 그가 제주도에 첫발을 내디딜 때 그 생경한 이질감은 얼마나 컸을까?

　배 안을 둘러보고 용머리해안으로 향한다. 바람이 차가웠지만 신이 만들고 자연이 다듬은 바위산의 겹줄무늬 그림들을 외면할 수는 없었다. 사람의 왕래가 불편

유채꽃이 피기 시작하는 용머리해안 입구, '헨드릭 하멜'의 범선을 재현해 놓았다.

이 없도록 다듬어진 바다에 아랫도리를 묻은 갯바위 길이 신비롭다. 군데군데 마을 해녀들이 건져온 소라, 멍게, 문어들을 즉석에서 맛보는 재미도 쏠쏠하다. 오른편에서 시작하여 왼편으로 한 바퀴 돌면서(왼편 매표소에서 시작하여 오른편으로 돌아도 상관없다.) 갯바위에 서서 올려다보는 산방산의 위용은 압권이다. 같은 자리에서 보는 해안선도 군더더기가 없다.

  제주에서 감귤을 맛보지 못한 것이 마음에 걸려 산방산 휴게소에서 귤을 골랐다. 중간 크기의 감귤을 고르자 3개 1,000원이라는 말만 강조하는 아주머니의 방언은 퉁명스럽기만 하다. 서울보다 더 비싼 현지의 감귤 값. 반은 맛이 괜찮았고 나머지 반의 맛은 영 아니다. 현지에서 더욱 비싼 것이 어디 시든 감귤뿐일까 마는

배들이 정박해 있는 모슬포항.

제주에 와서 맛있는 감귤을 맛보지 못한 아쉬움은 달랠 길이 없었다.

용머리해안을 나와 해안도로 입구의 사계리 포구에선 잠수함을 탈 수 있고 조금 더 달리다 보면 서부 남제주의 끝 송악산 바로 아래에선 우리나라의 끝 섬인 마라도로 가는 유람선 선착장이 나온다. 그곳 선착장에서 조금 더 오르면 바로 송악산이다. 날씨가 맑은 날은 마라도를 볼 수 있지만 오늘은 아니다. 바람 때문에 잠시 서 있기도 힘들다. 송악산 아래 끝점에서 보이는 섬이 가파도, 그 뒤의 섬이 마라도라고.

송악산 지점에서 내려서 차를 돌려 사계리로 돌아오는 동안 보이는 해안의 풍경이 다시 걸음을 붙든다. 차에 비상등을 켜고 한적한 해안으로 내려서 보지만 추위 때문에 걸어보려는 희망은 물거품이 되고 만다. 형제섬은 용머리해안에서 볼 때는 분명 1개였는데, 사계리 해안에선 2개, 송악산 끝점에선 3개였다. 그러고 보니 형제섬은 다복한 삼 형제인 셈이다.

대정 모슬포항으로 향한다. 모슬포… 언제였던가? 처음 제주도 여행을 꿈꿀 때, 이름만으로 가장 가보고 싶은 곳이 바로 모슬포항이었는데. 그 후로도 몇 번 무언가 쫓기듯 모슬포항에 다녀온 적이 있었다. 이번 여행도 그때와 크게 다르지 않았다. 대정에서 영락리, 무릉리, 신도리, 고산을 경유해 수월봉으로 향한다. 흐린 하늘에 곧 땅거미가 질 모양이다.

수월봉에 오르는 순간 바람은 나를 건너 차귀도, 와도로 날려버릴 기세여서 카메라 초점을 맞출 수가 없다. 바람이 공중화장실의 문을 모조리 떼어버린 걸 보면 평소 이곳 풍속을 가늠하는 일은 어렵지 않다.

수 만권의 책을 포개 놓은 듯한 용머리 해안의 석벽.

바람에 쫓겨 내려와 해안도로를 타고 보니 이 길 또한 생각지도 못한 절경을 품고 있다. 마을 횟집들이 있는 곳에서 용당리 해안가에 설치된 풍력발전소의 풍력기는 하늘로 솟구쳐 오르듯 돌고 있다. 수월봉에서 해안도로를 따라 용당리로 이어지는 길은 어느 한 구비 바다를 껴안지 않은 곳 없으니 드라이브하는 것도 좋지만 천천히 걷기에 그만인 길이다.

그 추운 날에도 촌부가 마른 한치를 팔아달라고 하는데 바람 때문에 차에서 내릴 엄두조차 못하고 쫓기듯 그곳을 빠져나온다. 어둠이 스멀스멀 기어와 마을과 건너편 차귀도까지 점령할 기세여서 마음이 급해진다.

계획대로라면 이 코스에선 이호, 애월, 곽지해수욕장은 들러봐야 하는데 아무리 급해도 비양도가 눈앞인 협재해수욕장을 외면할 수는 없었다. 협재에 도착하고 보니 건너 섬 비양도에 이미 가로등이 켜져 있다. 비양도를 더욱 신비롭게 하는 어둠…. 나는 차에서 내려 조금 걷다가 되돌아온다. 어둠 속으로 사라지는 비양도는 왜 그리 아름다운지. 겨울, 그것도 해 저무는 협재는 왜 또 그리 아름다운지. 마음

어둠이 내리는 협제해수욕장에서 본 비양도.

에 뭉클한 감동을 새기고 또 새기며 시계를 본다. 내 카메라는 이번 제주도 여행을, 어둠에 묻히는 비양도를 마지막 장면으로 기억할 것이다.

12번 도로를 들어선다. 이제 날은 저물어 라이트를 켜지 않으면 안 되었고 차를 반납할 시간도, 비행기를 탈 시간도 얼마 남지 않았다. 모두 내 탓이다. 마음이 급한데 그토록 상냥하던 네비게이션의 안내양도 피곤한지 말을 잘 듣지 않는다. 날 저문 애월 어디, 낯선 제주에서 나는 어쩌라고….

제주도의 마지막은 늘 아쉬움으로 끝맺는다. 다음을 기약하라고, 다음엔 또 다른 여행이 될 거라고 달래듯 위로하듯 서둘러 마치는 제주도 여행.

나는 해안도로를 달리면서 무엇을 보았던가, 바다였던가, 산이었던가, 하늘이었던가, 아니면 회색을 담보한 우울이었던가, 우울을 박차고 날아오른 희망이었던가.

■ **가는 길**
제주시(12번 국도 - 동회선 일주도로) → 구좌읍 평대(1112번 지방도 - 우회전) → 비자림
그 밖의 코스는 공항 리무진이나 시외버스를 이용해도 좋다.

■ **문의**
한국관광공사 : www.visitkorea.or.kr
투어 제주도 : www.jejutts.com

››› 비양도

한림읍 협제해수욕장에 이르면 한눈에 보이는 비양도는, 날아온 섬이라는 뜻으로 지질학상 화산섬이다.

비양도는 48세대 100여 명이 취락을 형성하고 있으며, 섬 주변에는 80여 종의 풍부한 어종과 각종 해조류가 서식하고 있어 관광 낚시터로서 널리 알려져 있다.

비양도 볼거리로서는 6개의 봉우리로 된 비양봉과 2개의 분화구, 섬 주변의 애기 업은 돌 등이 있다.

소요시간은 2시간 정도이다. 배편은 한림항에서 한림–비양도간 도항선이 있으며, 3.2km 거리를 두고 있는데 소요시간은 10~15분 정도이다.

이 섬에서 먼저 눈에 들어오는 것은 해발 114m의 비양봉, 높지 않은 봉우리지만 능선은 제법 가파르고 다 오르면 움푹 패인 분화구가 모습을 드러낸다. 정상에서 바라보는 한라산과 그 아래 오름들, 그리고 빼어난 해안절경이 아름답다.

››› 중문해수욕장

길이 560m, 폭 50m 정도의 백사장을 품은 중문해수욕장은 활처럼 굽은 긴 백사장과 흑 · 백 · 적 · 회색 등의 4가지 색을 띤 '진모살' 이라는 모래가 특이하다. 이 진모살과 제주도 특유의 검은 현무암이 조화를 이룬 풍광이 아름다워서 영화나 드라마의 촬영지로도 자주 이용되는 곳이다.

››› 성산일출봉

제주도 유명 관광지 중에서 대표로 꼽을 수 있는 곳이다. 예부터 이곳 성산일출봉 정상에서 바라보는 일출광경은 영주10경(제주의 경승지) 중에서 으뜸이라 하였다. 넘실대는 푸른 바다 저편 수평선에서 이글거리며 솟아오르는 일출은 온 바다를 물들이고 보는 이의 마음까지도 붙잡아 보는 이로 하여금 저절로 감탄케 한다. 그러나 성산일출봉은 빼어난 자연경관만큼 변덕스런 날씨로 유명해 일출의 장관을 보려면 운이 좋아야 한다.

››› 주변 가볼 만한 곳

한라산, 만장굴, 김녕 · 함덕해수욕장, 산굼부리, 성읍민속마을, 천제연폭포, 천지연폭포, 여미지 식물원, 중문 민속박물관, 대포동 지삿개, 오름.

들길

메밀꽃, 그 눈부신 이름을 떠올리지 않더라도, 우리 문학의 별 이효석의 고향이 아니라도,

봉평은 우리의 옛 정서를 그대로 간직한 곳…

딸과 떠난 봉평

메밀꽃 필 무렵

밤중을 지난 무렵인지
죽은 듯이 고요한 속에서
짐승 같은 달의 숨소리가
손에 잡힐 듯이 들리며
벼 포기와 옥수수 잎새가
한층 달에 푸르게 젖어 있었다.
산허리는 온통 메밀밭이어서
피기 시작한 꽃이 소금을 뿌린 듯이
흐뭇한 달빛에 숨이 막힐 지경이다.

딸과 떠난 봉평

한여름 아프리카 여행은 혼탁했던 정신을 맑게 씻어주었지만 몸의 피로는 집으로 돌아온 후에도 그대로였다. 저녁 식탁에서 가을 학기를 며칠 앞둔 딸아이가 나를 졸랐다.

"엄마, 우리 봉평 가요!"

느닷없다. 긴 여행에서 엊그제 돌아온 내게 봉평엘 가자니.

"그래, 좋아, 여독은 여독으로 풀어야지."

마침 남편이 부재중인 틈을 이용해 우리 모녀는 다음날 아침 가방을 챙겼다. 딸아이가 나를 대신해 숙소를 예약하고 소소한 준비물까지 챙겼기 때문에 나는 홀가분하기 그지없었다. 한동안 세워두었던 차에 기름을 채우고 고속도로에 들어섰다.

딱 3년 전 이맘 때, 나는 교복 입은 아이를 지금처럼 곁에 앉히고 봉평을 향하고 있었다. 장평IC로 나가 봉평읍으로 가는 도로변에는 제4회 효석문화제 현수막이 나풀거렸다. 초가을 햇살이 얼마나 눈부시던지. 그때 우리는 곧 입시를 눈앞에 둔 수험생과 학부모라는 것을 잊고 있었고, 다만 메밀꽃 축제 행사의 하나인 이효석 백일장을 빌미로 꿈같은 가을여행을 하고 있었고 그 마음으로도 이미 충만할 따름이었다. 그런 마음가짐으로 백일장에 참여했으니 결과가 좋을리 있을까? 다행히 백일장에 낙선한 딸아이도 엄마와 떠나는 여행 그 하나만으로도 충분한 듯 보였다. 아이가 백일장 낙선으로 인해 배운 것은 수상의 기쁨만으로는 견줄 수 없는, 큰 수확이었을 것이다. 3년 전 그렇게 봉평에 간 아이는 이제 대학에서 창작을 전공하는 숙녀가 되었다.

면온IC로 나가 휘닉스파크 스키장을 지나 무이리로 향했다. 지구의 반대편인 아프리카의 겨울을 보고 온 끝이라 그랬을까, 8월이 끝으로 치닫는 강원도의 산야는 눈 닿는 곳마다 왜 그리 울울창창 아름다운지. 봉평면 무이리에 소재한 무이밸리는 대단위 펜션인데, 쾌청한 날씨 때문인지 피로도 잊을 만큼 느낌이 좋은 곳이었다. 무이밸리는 둔내와 봉평을 잇는 국도에서 조금 떨어진 곳에 위치해 자칫하면 안내 표지를 놓칠 수 있다. 하지만 일단 찾아들어가 산 아래 막다른 골짜기에 자리 잡은 그곳 특유의 안온한 분위기를 보면 누구라도 만족할 것이다.

펜션으로 들어가는 길 입구는 또 어떤가. 하늘로 곧게 뻗은 송림은 그곳이 펜션

겨울철에 '무이밸리'를 찾아오는 투숙객을 위해 옥수수를 말린다고 ….

도로변에서 옥수수를 쪄서 파는 유난히 금실이 좋은 벙어리부부.

메밀국수를 먹어보지 않고 봉평을 말할 수는 없다.

으로 이르는 길인지, 무릉도원으로 드는 길인지 혼동하기 쉽다. 해발 700m에 위치한 무이리지만 주위의 산들은 그리 높아 보이지 않고 골짜기마다 푸른 고랭지 작물들이 자라고 있어 보기만 해도 배부른 곳이다. 근처에는 자연지형을 그대로 살린 산책코스와 등산로가 있으며 펜션 주변엔 옥수수밭과 메밀밭이 있고 각 동으로 이어지는 오솔길마다 해바라기와 코스모스가 하늘거려 눈이 즐겁다. 무이밸리에선 감자, 옥수수, 각종 야채 등 계절마다 무공해 농작물을 직접 경작해 투숙 고객에게 나눠주는 푸짐한 행사도 함께 열린다. 가까운 곳에 스키장이 있어 겨울 스키시즌은 붐비지만 그 외 계절의 주중을 이용하면 좋은 시설을 여유롭게 활용할 수 있음은 물론 한가하게 휴식할 수 있는 곳으로 좋다.

이곳에선 인근에 봉평장, 대화장, 진부장을 구경할 수 있고, 특히 메밀꽃이 절정을 이루는 9월 초, 이효석문화제가 열리는 봉평읍 행사장 주변으론 시골장터에서만 누릴 수 있는 볼거리, 먹을거리가 다양하다. 읍에서 가까운 가산 이효석의 생가도 둘러보고 2일과 7일에 열리는 봉평 난장에 앉아 메밀국수와 솥뚜껑에 기름을 두르고 부치는 쫄깃쫄깃하고 부드러운 메밀 부침개 맛은 누구라도 다시 가지 않고는 못 견디게 한다. 그러나 메밀 부침개가 아무리 맛있다 해도 강원도 옥수수나 감

헛간으로 쓰인 듯한 농기구가
걸려있는 이효석 생가의 별채.

옛 모습을 재현해 놓은 음식점.

나무를 얽어매고 그 위에 솔가지를 덮어
만든 우리의 전통교(傳統橋) 섶다리.

자를 잊으면 곤란하다. 이렇듯 먹을거리, 볼거리가 풍성한 봉평장에 들러 배부르고 즐거우면 주변 개울가로 이어지는 메밀밭 순례도 좋다.

봉평읍에서 가산의 생가에 가려다 보니 개울가에 처음 보는 다리 하나가 눈에 띤다. 전에 동강 가수리에서 본 섶다리이다. 생솔가지를 꺾어 나무 위에 깔고 그 위에 흙을 덮었는데 예전의 시골 정경을 그대로 옮겨놓은 듯 정겹고 인상 깊다.

섶다리를 건너자 마침 길가에 솥단지를 걸고 찐 옥수수를 팔고 있다. 다가가니 금방 꺼낸 듯 모락모락 피어나는 김이 구미를 돋운다. 옥수수를 꺼내던 할머니께서 봉지 하나를 내민다. 알아서 담으라는 뜻일 게다. 후후 김을 불며 옥수수를 담고 얼마냐 묻는데 아무 말이 없으시다. 왜 말이 없으실까? 그러고 보니 곁에 있던 할아버지도 마찬가지다. 두 분 모두 들을 수도 말할 수도 없는 농아라는 걸 나중에 알았다. 그런데 무엇이 그리 좋아 그들은 싱글벙글 웃음을 참지 못하는 것인지. 나는 돈 몇 푼으로 옥수수를 산 게 아니라 강원도의 후한 인심과 그들의 행복을 산 듯 기분이 좋다.

가산의 작품을 빌리자면 달밤에 '소금을 뿌린 듯' 한 그 메밀꽃 밭.

> "밤중을 지난 무렵인지 죽은 듯이 고요한 속에서 짐승 같은 달의 숨소리가 손에 잡힐 듯이 들리며 콩 포기와 옥수수 잎새가 한층 달에 푸르게 젖어 있었다. 산허리는 온통 메밀밭이어서 피기 시작한 꽃이 소금을 뿌린 듯이 흐뭇한 달빛에 숨이 막힐 지경이다."
>
> — 『메밀꽃 필 무렵』 중에서

봉평은 어딜 가나 가산의 흔적을 볼 수 있다. 음식점을 들러보면 소설 『메밀꽃 필 무렵』의 한 구절을 벽에 걸어두지 않은 곳 없고, 물레방아는 물론 그 방아로 찧은 메밀가루를 즉석에서 살 수도 있다. 가산의 생가에 가면 헛간에 걸어놓은 예전 농기구들이 있고 텃밭 가득 핀 메밀꽃을 볼 수도 있다.

강원도 일대가 그러하듯 봉평은 도시생활에 찌든 직장인들이 가족 단위로 즐기면 좋을 곳이다. 골짜기마다 맑은 물이 흘러 물놀이나 농촌체험을 할 수도 있다. 메밀꽃, 그 눈부신 이름을 떠올리지 않더라도, 우리 문학의 별 이효석의 고향이 아니라도, 봉평은 우리의 옛 정서를 그대로 간직한 곳이다. 민초들이 옹기종기 모여 뿌리를 내리고 사는 우리들 마음속의 고향, 도시탈출을 꿈꾸는 사람이라면 한번쯤 다녀오면 좋을 곳이다.

■ 가는 길
서울 → 구리 → 양평 → 용두리 → 횡성 → 둔내 → 휘닉스파크 입구 → 봉평 방면 → 외곽도로 4차선 → 효석문화마을IC → 메밀꽃 필 무렵

■ 문의
이효석 문학관 : www.hyoseok.org / 033-330-2700

그 · 곳 · 에 · 가 · 면

>>> 가산 이효석에 대하여

1907년 2월 23일, 강원도 평창군 봉평면의 본마을인 창동리 서남쪽의 성황당을 지나 봉평마을 건너 쭉 빠진 협곡의 마을. 이효석의 생가는 이 마을의 중간쯤 되는 우경산 밑이다.

1914년 8세 때 외학을 하게 되어 봉평에서 100리가 떨어진 군 소재지 평창공립보통학교(현 평창초등학교)에 입학을 하였다. 이때의 교통수단은 우마차 아니면 도보가 고작이었다. 그러므로 이효석은 봉평과 평창 사이 100리를 거의 걸어서 다녔다. 그래서 그 길은 자연 집에서 나와 남안리 마을을 거쳐 봉평천(흥정천)에 다다르고 여기에서는 좌편 강변에 있는 동리 물레방아를 만나게 된다. 그 다음은 봉평천 징검다리를 건너 봉평의 성황당을 지나 봉평의 본마을 창동리에 들어와 봉평 장터 거리를 뚫고 시내를 빠져나오게 된다. 이중 충주집(훗날 『메밀꽃 필 무렵』의 작품 속에 나오는 주점)이란 주점도 항상 지나왔었다.

봉평시내를 빠져나와서는 장평까지 20리, 노루목고개(『메밀꽃 필 무렵』 작품 속에 나오는 고개)를 넘게 되면 장평의 개울(같은 작품 속에 나오는 개울)에 이르며 이 개울을 건너서는 장평 삼거리(한 길은 봉평으로 가는 길, 또 한 길은 강릉, 다른 한 길은 평창길)에 닿게 되고 장평에서 대화까지는 30리, 하장평, 재산, 재재(고개 이름)를 넘어 신리, 상대화리, 대화로 이어진다. 대화면의 대화거리는 곧 대화장터인데 이 거리도 이효석이 걸어다녔던 길목이다. 대화에서 평창까지는 40리,

다시 이 길을 거쳐 평창 하숙집에 오곤 하였다. 6년 동안 이효석은 이 100리 길을 왕래하였는데 그렇다면 이효석은 이 길을 몇 번이나 걸어서 내왕했겠는가는 그 자신도 모르리라. 이효석은 이 100리 길 속에서 자연을 배웠다.

이효석은 절기마다 다른 분위기와 변화해가는 자연의 순환을 느꼈을 것이다. 하늘과 구름의 색깔이 다르게 변하고, 바람결 또한 그렇게 변하며 불던 것을 직접 피부로 느끼며 유년시절을 지내왔다. 후에 그의 작품 속에 나오는 자연의 숨소리가 생생하고 또 싱그러운 것은 이 유년시절의 체험 때문일 것이다.

직업생활과 작품활동 가운데 직업을 구하였지만 이웃의 눈총, 또 스스로도 못마땅하여 경성농업학교로 직업을 옮겨 하향하다시피한 그였지만 작품에 대한 집념은 대단하여 중앙의 신문, 문예지, 월간잡지 등을 통하여 왕성하게 작품을 발표했다. 가난한 와중에서도 이와 같이 문학에 정력을 다 바쳤던 것이다.

1941년 35세 되던 해에 뇌막염으로 자리에 눕게 되고 계속하여 큰 수술을 받는 곤욕을 치루었다. 그 와중에도 작품을 계속 발표하였으나 병은 그를 가만히 두지 않고 1년 후인 1942년 36세가 되는 5월에 다시 자리에 눕게 되었다. 같은 해 5월 6일에는 평양도립병원에 입원, 10일에는 치유될 수 없는 형편에서 퇴원하여 귀가하게 된다. 혼수상태에서 시간이 흐르다가 결국 25일 하오에 별세하고 말았다.

비선대는 신흥사 일주문을 지나 오른쪽으로 가면 세심교를 건너 신흥사와 흔들바위, 울산바위로 이어지고,
왼쪽으로 잘 닦인 숲길을 따라 올라가면 된다.

비선대 가는 길

이 숲을 통과하지 않고
그곳에 닿을 수 없다

저 삶이 진짜 아름다움인 줄
왜 이렇게 늦게 알게 되었을까
알고도 애써 모른 척 밀어냈을까
중심 저쪽 멀리 걷는 누구도
큰 구도 안에서 모두 나의 동행자라는 것
그가 또 다른 나의 도반이라는 것을
이렇게 늦게 알다니
배낭 질 시간이 많이 남지 않은 지금

비선대 가는 길

비선대 가는 길은 가지런하고 편한 길부터 시작된다.

　설악산 국립공원을 들어서면 몇 개의 코스 중 어디로 갈 것인지를 결정하는 일은 늘 즐거운 고민에 속한다. 나는 옷을 단단히 여미고 비선대를 향한다. 경험으로 보면 나의 거북이 걸음으로 3시간이니 적당한 코스이다. 그러나 동행이 없을 때 내 걸음은 기어가는 꼴이지 걸어서 가는 게 아닌지라 갈 때마다 얼마의 시간이 걸릴지는 여전히 미지수이다.

　겨울 비선대는 어떨까? 원래 겨울 해는 짧지만 특히 높은 산 속의 해는 더욱 그렇지 않던가, 나무들이 이파리를 떨군 숲에 조릿대들이 키 재기를 하며 햇살을 받고 있다. 손으로 두어 번 쓰다듬어주고는 길을 서두른다. 오후에 출발한 것이 문제다.

　추운 길에서 노인이 엿을 팔기에 1개를 샀다. 1,000원이다. 할머니가 주는 대로

받았는데 가장 큰 것이 걸렸다. 할머니 말씀 "새댁이 복이 많은 가베." 하신다. 나를 새댁으로 본 건 모자와 안경 탓이다. 잘못 보았다 하더라도 싫지 않다. 단돈 1,000원에 넉넉한 덕담을 산 셈이니 말이다.

왼편 계곡을 따라 이어지는 비경에 마음을 빼앗기다 고개를 들어보면 멀리 백두대간의 등뼈인 설악의 힘찬 준봉들이 나타났다가 사라지고 사라졌다가는 다시 나타난다. 겨울 숲이라 맑기가 그지없다. 햇볕을 쬐고 있는 키 작은 대나무의 푸른 잎들이 더욱 사랑스럽다.

올라오는 길에 물이 없는 계곡과 빈 가지를 잡고 너무 많은 넋두리를 늘어놓았나 보다. 그래도 그렇지, 비선대에 도착하니 벌써 두 시간 반이나 훌쩍 지나가버렸다. 대학생들이 단체로 올라와 계곡이 소란스럽다. 구름다리에 올라간 여학생들은 산이 떠나가라 합창까지 한다. 숲 속의 식구들이 놀라지 않을까 걱정스럽다. 금방 해가 질 것 같아 오래 머무를 수도 없다. 비선대, 크고 잘생긴 바위들과 아름다운

울퉁불퉁한 돌길, 이제부터 오르막이다.

소를 보자 선녀가 놀 만한 곳이구나 싶다. 사실 선녀바위도 좋지만 선녀바위를 오가는 길이 나는 더 정답다.

내려오는 길에 신흥사 경내를 돌아본다. 울산바위가 '어디 와 볼 테냐?' 하고 수작을 걸어오지만 모른 척 고개를 돌린다. 벌써 해는 신흥사 앞뜰에서 자취를 감추었다. 케이블카는 끝내 타고 싶지 않다. 어지러워서가 아니라 내 몸을 남에게 전가하고 나는 아무 것도 하지 않는 게 싫어서이다.

비선대는 신흥사 일주문을 지나 오른쪽으로 가면 세심교를 건너 신흥사와 흔들바위, 울산바위로 이어지고, 왼쪽으로 잘 닦인 숲길을 따라 올라가면 된다. 이제는 거의 포장이 되어 오솔길의 운치는 줄어들었지만 대신 양옆으로 깎아지른 봉우리와 계곡과 숲이 걸음을 가볍게 도와주니 아쉬움이 없다.

설악산을 대표하는 곳으로는 천불동계곡을 꼽는데, 설악의 비경이 천불동 안에 다 있다고 할 만큼 아름다운 계곡이다. 이 계곡은 설악동에서 와선대, 비선대, 양폭산장을 거쳐 죽음의 계곡 전까지의 구간을 일컫는다. 천의 부처가 늘어서 있다는 이름의 이 계곡에는 선녀들이 놀았다는 와선대를 비롯해 비선대, 금강굴, 장군봉, 귀면암, 오련폭포, 양폭, 천당폭 등 어느 곳이든 절경이 아닌 곳이 없다.

신흥사 별채가 보인다, 무엇 때문에 절담이 이렇게 높은 걸까.

와선대는 천불동계곡 입구, 신흥사 서쪽 4km 지점에 있으며 소나무가 숲 가운데 자리 잡고 있고, 천연 암반석으로 되어있다.

비선대는 와선대에 누워서 산수를 즐기던 마고선이 이곳에서 승천하였다고 하여 '비선대'라는 이름이 붙여졌으며, 예부터 많은 묵객이 찾아와 절경을 감상하고 글을 남겼다고 한다. 비선교를 지나면 오른쪽으로 이어지는 가파른 길이 보인다. 그곳을 400m쯤 오르면 남성적인 기상이 돋보이는 미륵봉 중간에 자연동굴인 금강굴이 있는데 바로 원효대사가 수도한 곳이다.

개인적으로 '속초' 하면 떠오르는 사람이 있는데 그가 바로 이성선 시인이다. 언제부턴가 선생님 댁 앞을 지날 때는 손수 심었다는 나무며 붉은 기와며 잔디 깔린 뜰을 무심히 지나치지 못하고 있다. 그는 설악산의 시인이고 동해의 시인이며 우리 문단에서는 산 시인으로 불린다. 그는 알려진 시보다 더 시 같은 삶을 살다간 시인이다. 나는 선생님께서 학교를 옮겨갈 때마다 새 학교의 약도를 묻는 전화를 걸었고 그때마다 어디서 어디로 오라고 설명을 할 때 반드시 덧붙이는 말씀이 산과 바다의 이름이었다. 선생님과의 재회는 내가 속초에 갈 때마다 이루어진 무언의 약속 같은 것이었다. 시인은 바다가 보

바위와 나무가 어우러진 비선대,
선녀들이 놀다갈 만한 절경이다.

이는 교실에서 아이들을 가르치는 선생 노릇도 꽤나 재미난 일이라고 하셨다.

2001년 5월 4일. 선생님의 부음을 들었다. 그 소식을 선뜻 인정하기 어려웠다. 돌이켜보니 불과 2주 전, 서울 오셨다며 짧은 통화를 할 때 기운 없는 목소리로 몸이 좀 힘들다고 하셨는데, 얼마 전 내가 다녀온 남태평양에 대해 물으시며 당신도 그렇게 한가한 여행을 해보고 싶다고 하셨다. 그때의 절실한 목소리를 후에 다시 생각하니 이유 없는 목소리가 아니었던 것 같다.

선생님께서 가시고 한 달 후, 마음이 백담사 계곡에 가고 싶다고 졸라 견딜 수 없었다. 그래서 6월 초 무작정 찾아간 백담사. 백담사 첫 담에 뿌려졌다는 선생님은 풀이나 나무나 바위나 이끼나 물이나 모두가 선생님의 모습을 담고 있었다. 하지만 정작 목소리가 없어 나는 허탈했다. 그때 쓸쓸하게 걸음을 놓곤 했던 나를 선생님께선 허허 웃으시며 보고 계셨으리라.

어느 누구는 첫 담을 백담사 위쪽이라고 했고, 더러는 계곡의 초입이라는 확신

저녁 무렵, 엷은 운무에 휩싸여
신비감이 더하는 신흥사 경내.

없는 말에 종잡을 수가 없어 그냥 마음 가
는 대로 갔다. 첫 담이니 가장 위에서부터
시작하는 게 맞을 거라고 믿고 싶었다.

백담사에서 돌아오니 선생님께서 자주
작품을 발표하시던 『현대시학』이 도착했
다. 그 책 첫머리에 최명길 시인께서 쓰신

비선대 계곡, 겨울이라 물의 양은 적지만 물
맑기로 치면 이보다 더한 곳도 없으리라.

추모시에 선생님의 평소 당부대로 '마지막 몸을 그리도 좋아하셨던 백담사 첫 담
에 뿌리자 나무도 이끼도 물도 모두 기쁘게 받아갔다.' 는 싯귀가 나를 전율하게
했다. 그랬을 게다. 그 무엇인들 반갑게 선생님을 맞지 않을 수 있었을까.

벽에 걸어놓은 배낭을 보면/소나무 위에 걸린 구름을 보는 것 같다/배낭을 곁에
두고 살면/삶의 길이 새의 길처럼 가벼워진다/지게 지고 가는 이의 모습이 멀리/노
을 진 석양 하늘 속에 무거워도/구름을 배경으로 서 있는 혹은 걸어가는/저 삶이 진
짜 아름다움인 줄/왜 이렇게 늦게 알게 되었을까/알고도 애써 모른 척 밀어냈을까/
중심 저쪽 멀리 걷는 누구도/큰 구도 안에서 모두 나의 동행자라는 것/그가 또 다른
나의 도반이라는 것을/이렇게 늦게 알다니/배낭 질 시간이 많이 남지 않은 지금

- 이성선의 시 『도반』 전문

내게 있어 시란 무엇인가. 문학이란 무엇인가. 그것 역시 위대한 침묵인 우주의 운율
과 하나 되는 것. 그리하여 그 깊은 침묵 안으로 내 귀를 여는 것. 그래서 그 언어를 읽
는 이로 하여금 저 우주의 침묵과 하나 되게 하는 것.   - 이성선 시인의 글 중에서

이제 나는 그를 과거형으로밖에 말할 수 없게 되었지만 그가 살던 속초 교동
과 산시인으로 돌아간 백담사에 가면 늘 그를 기억하게 된다. 누가 추억을 달콤
하다고 했던가. 추억은 아프고 쓰리고 더러는 눈물 나는 마른 한 조각의 빵이 아
니던가.

어느 해인가, 늦은 여름 비선대를 향하고 있었다. 선생님과 친구가 동행한 날이
었다. 그날 우리는 선생님이 얼마 전에 다녀온 인도 여행에 대한 이야길 들었다.
그 후로 나는 1년에 서너 번은 속초에 갔었고 그때마다 선생님과 나눈 차 한 잔에
각별한 우정을 담았다.

동광중학교에 계실 때였다. 선생님 편지에 이제는 내게 진정한 도반이 생겼다는
위로가 드니 고맙다 하셨던 말씀, 그 말씀에 나는 기쁨과 당황스러움을 감추지 못
했었다. 단지 시를 쓰는 고향 후배라는 사실보다 도반으로 생각해주셨던 특별한
헤아림을 선생님께서 부재한 지금에야 깨닫다니, 선생님 보시기에 나는 시에 대한
열정만 있었지 아무 것도 모르는, 얼마나 철없는 후배였을까?

■ 가는 길
소공원 → 무명용사비 → 저항령계곡 → 와선대 → 비선대

■ 문의
설악산 국립공원 : www.npa.or.kr / 033-636-8316

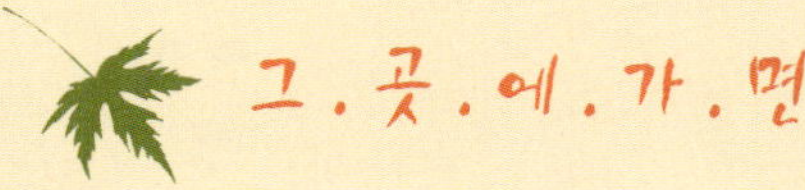

>>> 설악산 국립공원

설악산 국립공원은 최고봉인 대청봉을 중심으로 173.7km가 천연기념물 제171호로 지정되어 있다. 생태계의 보고 설악산은 봄 야생화가 그리는 화려한 색의 조화, 여름 식물의 녹색 세상, 가을 나무들이 연출하는 불타는 듯한 색조, 겨울의 눈부신 설경 등 자연이 빚어낸 최고의 예술품이다.

북북서쪽의 마등령, 미시령으로 이어지는 설악산맥, 서쪽의 귀때기청 대승령으로 이어지는 서북주능, 북북동쪽의 화채봉, 철성봉으로 이어지는 화채능선 등 3개의 주능선으로 크게 지형구분을 할 수 있다. 이들 능선을 경계로 그 서쪽은 내설악, 동쪽은 외설악, 남쪽은 남설악으로 불리고 있는 우리나라 대표적인 산악경관으로서 호박바위, 기둥바위, 넓적바위 등이 공룡능선, 용아장성, 울산바위를 중심으로 발달해 있어 우리나라 제일의 암석지형의 경관미를 갖춘 국립공원이라고 할 수 있다.

>>> 신흥사

신라 진덕여왕 6년(652년)에 자장율사가 노루목 동쪽에 창건하면서 석가세존의 사리를 봉안한 9층 탑을 세워 향성사라 하였고 이후 조선 인조 때 이르러 현재의 자리로 이전하면서 신흥사로 개칭하였다. 경내에는 극락보전, 보제루, 명부전, 향성사지 3층 석탑, 경판 등이

보존되어 있고 계조암, 내원암, 안양암 등의 부속암자를 두고 있으며 강원도 북부 일원의 40여 개 사암을 관할하고 있다.

>>> 와선대

신흥사 서쪽 4km지점에 있으며 소나무가 울창한 가운데 자리 잡은 천연의 암반대석으로 옛날 신선이 놀던 곳이라 한다. 전설에 의하면 옛날 이 바위 위에 손톱이 긴 늙은 선녀인 마고선이 신선들과 함께 석대 위에서 바둑을 두고 거문고를 타면서 동천의 아름다움을 음미하며 즐겼다 하여 '와선대' 라고 불리며, 천불동계곡을 찾아드는 입구에 위치해 있다.

>>> 비선대

와선대에서 계류를 따라 300m 정도 올라가면 비선대에 이르며 경치가 매우 아름답고 비가 많이 내리면 비선대 반석 위로 흘러 몇 번이나 꺾이는 폭포를 이루어 흡사 우의자락이 펄럭이는 것 같으며, 마고선녀가 이곳에서 하늘로 승천하였다는 설에 의해 비선대라 한다. 봄이 오면 산화의 냄새가 골짝을 메우고 여름이면 녹음방초가 신선미를 더하며, 가을이면 오색 단풍에 물들고, 겨울이면 설화가 꼴짜기를 장식하니 가히 절경으로서 설악의 8경 중 하나이다.

숲길

전나무는 사철이 푸르러 여름에는 기품 있고 그윽하지만, 한겨울에도 청정한 기상과 늠름한 모습이
조금도 흐트러짐 없어 믿음직스럽다.

오대산 전나무 숲

적멸보궁으로 들까요?

살면서 늘 경계해야 할 것은
'조금 더 멀리, 조금 더 빨리,
조금 더 높이,
조금 더 많이' 라는 과욕이다.
걷는 것도 그와 마찬가지로,
적절한 선을 지키지 않을 때
걷는 즐거움은 사라지고 만다.

오대산 전나무 숲

　　오대산을 생각하면 가장 먼저 하늘을 찌르는 전나무 숲이 떠오른다. 전나무는 사철이 푸르러 여름에는 기품 있고 그윽하지만, 한겨울에도 청정한 기상과 늠름한 모습이 조금도 흐트러짐 없어 믿음직스럽다. 오대산 국립공원 입구 매표소에서 상원사 적멸보궁으로 가는 길은 그래서 지루할 겨를도, 힘들 겨를도 없이 한결같은 기분으로 걸을 수 있는 구간이다.

　　나는 오랜만에 겨울 산행을 꿈꾸며 집을 나섰다. 오대산 등산은 보통 5구간으로 나뉘는데, 이번 산행은 비교적 짧은 코스인 상원사-적멸보궁-비로봉-상원사 코스를 택했다. 겨울 등산이고 특히 이 지역은 눈이 많아 생각보다 산행이 쉽지 않을 조짐이다. 전날 면온 휘닉스파크에 도착한 뒤 국립공원 관리사무소에 알아보니 다른 코스들은 이미 폐쇄되었고 내가 계획한 코스만이 입산이 가능하다고 하였다. 그러니 선택의 여지가 없다.

　　다음날 숙소에서 8시 30분 출발, 6번 국도를 이용해 장평, 속사, 진부를 거쳐 오대산 입구 마을(간평)에 도착했다. 그곳에서 간단한 준비물을 챙겨 오대산 국립공원 매표소에 도착하니 벌써 1시간 30분이 지난 후였다.

　거기까지 갔으니 월정사를 들러보고 싶었지만 시간 때문에 생략하기로 한다. 월정사를 지나 오른편으로 눈과 얼음으로 덮인 길을 따라가는 겨울 계곡은 볼 만하다. 그 넓은 계곡이 얼음으로 덮여 있어 물소리를 들을 수는 없지만 그 대신 백설이 시야 가득 안겨오니 이것이야말로 겨울 여행의 묘미가 아닌가 싶다.

　오대산 전나무 숲은 우리나라에 몇 안 되는 숲에 속한다. 여름에는 전나무만이 아니라 모든 나무가 푸르기 때문에 숲이라는 하나의 울타리에 묻히면 아무리 전나무 군락이 대단하기는 해도 얼마나 대단할까 생각했었다. 하지만 '역시 전나무!'라 생각할 만큼 지극한 푸름이 위용을 자랑했었는데, 겨울 숲 또한 전나무의 진가를 유감없이 보여준다. 저렇게 우람하고 잘생긴 나무가 우리나라에 있었다는 것이 새삼 믿기지 않을 정도이다.

적멸보궁, 비로봉에서 내려다보면 누가 보아도 이곳은 명당이다.

상원사로 올라가는 오른쪽 길가에 눈을 인 채 나란히 서 있는 부도탑들은 바람 때문인지 더욱 추워 보인다. 아름드리 전나무에 가려 조금씩 부도전으로 들어오는 햇살이 귀하고 천진스럽다.

월정사에서 상원사까지는 얼음과 눈이 두껍게 깔려 위험할 것 같지만 워낙 길이 좋아 속도만 늦춘다면 달리는 데는 별 문제가 없다. 상원사 입구에 차를 세운다. 처음부터 아이젠을 신어야 할지 망설였으나 조금 걸어보기로 한다.

출발은 10시 40분. 초입부터 가파른 계단이 만만치 않다. 사람의 왕래가 잦은 구간이지만 기온이 낮아 빙판길이다. 양지 쪽에만 눈이 조금씩 녹고 있다. 길은 계단과 숲을 번갈아 끼고 걸을 수 있어서 단조로움은 없다.

적멸보궁에 도착하자 온통 눈 천지다. 이곳부터는 아이젠을 신고 스틱에 의지해 한 발 한 발 걸어 올라갈 수밖에 없다. 완만한 경사라고 한시름 놓았던 것도 잠시, 생각보다 길은 험하여 등산화만으로는 걸음이 힘들다. 그렇지만 다행스럽게도 날씨가 좋다. 겨울 산행에 날씨마저 따라주지 않는다면 고생은 더할 수밖에 없지만 오늘은 바람도 없고 햇살이 투명해 시야가 맑으니 한결 위안이 된다. 눈이 쌓이고

정상은 그냥 정상이 아니다. 정상으로 오르는 가파른 길.

기온이 낮아 조금은 걱정이 되지만 이 정도라면 겨울 산행으로는 만족스럽다. 걷다가 지치면 나무에 등을 기대고 잠시 햇살을 받는 순간이 그렇게 좋을 수 없다. 눈을 감고 해바라기를 하는 그 짧은 순간의 쉼, 바닥은 모두 눈이지만 하늘만큼은 눈이 시리도록 푸르고 맑아 휴식이 더욱 달콤하다.

정상을 얼마 남겨두지 않고 주저앉고 싶었지만 조금 더 고집을 부린다. 나는 내 고집의 참패를 여러 번 지켜보았었다. 조금 아쉬울 때 멈추어야 하는데, 조금 더 갈 수 있다는 교만을 억누르지 못하곤 한다. 그 오만 끝에 기다리는 건 정상에 섰다고 해도 피해갈 수 없는, 숨어있는 패배감이다. '그러지 말아라, 다시는 그러지 말아라.' 길은 늘 그렇게 내게 과욕의 허를 찌르며 타이르지 않았던가.

살면서 늘 경계해야 할 것은 '조금 더 멀리, 조금 더 빨리, 조금 더 높이, 조금 더 많이' 라는 과욕이다. 걷는 것도 마찬가지, 적절한 선을 지키지 않을 때 걷는 즐거움은 사라지고 만다.

겨우 비로봉(1,563m)에 닿는다. 정말 '겨우' 라고 해야 할 산행이다. 시계를 보니 비로봉까지 3시간 반이나 걸렸다. 남들은 3시간이면 왕복 산행이 가능한 코스를 나는 오르는 데만 그 이상이 걸렸으니, 비로봉 정상은 바람만 세차다. 저 겹겹이 마음이 후련해지는 산행, 정상에서 굽어보는 백두대간 줄기들.

줄지어 선 봉우리들은 무엇을 품고 보는 것일까. 그러나 가장 마음에 드는 풍경은 저기 발 아래 내가 걸어서 올라온 적멸보궁이다. 동쪽으로는 대관령이, 북쪽으로는 설악산 연봉들이 어깨동무를 한 듯 서로 마주보며 머리에 하얀 눈을 이고 있는 모습이 장쾌하다. 저 봉우리들 모두 백두대간의 정맥이 아닌가. 두 발로 걸어서 오르지 않으면 감히 볼 수 없는 백두대간이다.

오대산 정상 비로봉 표지석.

겨울 수련회에 참가한 학생들이 별 장비도 없이 비로봉까지 올라와 서로 붙잡고 자신들이 지금 얼마나 대단한 일을 했는지 믿기지 않은 듯 감격하고 있다. 그러나 내겐 올랐다는 성취감도 잠시, 추위와 삐걱대는 무릎 때문에 몸이 힘들다. 물 몇 모금으로 갈증을 달래며 한 10분쯤 머물렀을까. 그 10분을 위해 그렇게 대책 없이 아래로 미끄러지려는 중력을 견디며 위로 오르려고만 했는지.

정점이란 언제나 눈부시고 경이로운 법이지만 어렵게 허락한 것에 비하면 머무는 시간은 너무 짧아 아쉬울 수밖에 없다. 나는 조금 허무해지려는 기분을 달래며 하산을 시작한다.

경사 때문에 내려오는 길이 문제다. 스틱에 의지해 미끄러지지 않으려고 얼마나 긴장하며 걸었는지, 응달의 눈은 무릎을 덮고도 남을 정도다. 그러나 바람 때문에 나뭇가지에 핀 설화는 볼 수가 없다. 겨울 오대산은 지난해 겨울 태백산과는 또 다른 모습을 보여주었다. 어떻게 적멸보궁까지 내려왔는지.

오대산 가는 길, 이 설경을 보지 않고 겨울 강원도를
상상할 수는 없다.

산을 타는 동안 노인 한 분을 만났는데 그분은 내리막을 뛰다시피 하더니 어느새 적멸보궁에서 절을 올리고 있다. 몇 번이나 그의 걸음에 기가 질린 것을 생각하면…. 크신 분의 품안이라 그럴까, 적멸보궁 앞에 서면 불심 없는 나도 안온해진다. 나는 올라간 위의 길과 내려갈 아래를 두루 살피며 겨울 오대산과 인사를 나눈다.

내려오는 길에 비구니 몇을 만났는데 동안거에 극기훈련이라도 하는 것인지 변변한 준비도 없이 비로봉으로 오르고 있었다. 미끄럽지 않냐 물으니 배시시 웃기만 한다. 스님이니 잘 하실 수 있으리라 격려 아닌 격려를 해주었다.

상원사에 도착하니 10분 전 5시. 긴장 탓인지 무릎이 몹시 괴롭다. 조금 전까지 말짱하던 머리도 두통으로 꼼짝할 수가 없다. 급히 숙소로 돌아와 뜨거운 욕조에 몸을 담그고 추위를 녹이자 온몸이 매를 맞은 듯 고단하다. 저체온이 부른 증상이다. 이날 산행은 다시 한 번 산 앞에 겸손하지 않으면 안 되는 이유를 곰곰이 생각하게 만들었다. 그날 밤 나는 이불 속에서도 바람 부는 비로봉의 겨울 나무처럼 떨고 있었다. 무리한 산행의 결과치고는 너무나 혹독했다.

■ **가는 길**
경부고속도로(신갈분기점) → 영동고속도로(진부IC) → 1.5km지점에서 좌회전 → 2km 지점
에서 좌회전

■ **문의**
오대산 국립공원 : www.npa.or.kr / 033-332-6417

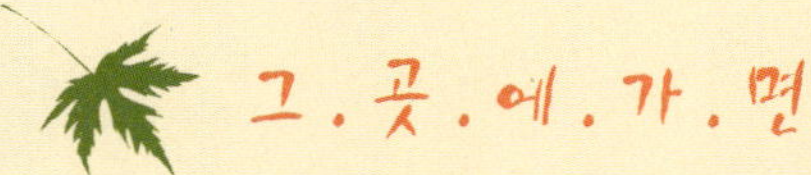

>>> 오대산

태백산맥은 힘찬 기세로 금강산, 설악산을 지나 대관령, 소백산, 태백산으로 이어지는데 태백산맥이 대관령을 넘기 전에 곁가지 하나를 늘어뜨린다. 이것이 바로 차령산맥으로, 이 산맥은 치악산을 걸쳐 충청남북도를 관통해 서해의 대천 앞바다로 이어지는 성주산에서 마감한다. 태백산맥이 차령산맥으로 갈려나가는 지점, 즉 차령산맥의 발원지가 되는 곳에 우뚝 솟은 산이 바로 오대산이다. 오대산은 예로부터 삼신산(금강산, 지리산, 한라산)과 더불어 국내 제일의 명산으로 꼽던 성산이다. 일찍이 신라 선덕여왕 때의 자장율사 이래로 1,330여 년 동안 문수보살이 1만의 권속을 거느리고 살고 있는 곳으로 알려져 왔으며, 오대신앙의 본산으로 일컬어지고 있다. 오대산은 해발 1,563m의 비로봉을 주봉으로 동대산(1,434m), 두로봉(1,422m), 상왕봉(1,491m), 호령봉(1,561m) 등 5개의 봉우리가 병풍처럼 늘어서 있고 동쪽으로 따로 떨어져나온 노인봉(1,338m) 아래로는 천하의 절경 소금강이 자리한다.

원래 오대산은 중국 산서성 청량산의 별칭으로 신라시대에 자장율사가 당나라 유학 당시 공부했던 곳이다. 그가 귀국하여 전국을 순례하던 중 태백산맥의 한가운데 있는 산의 형세를 보고 중국 오대산과 너무나 흡사하여 이 산을 오대산이라 이름 붙였다고 옛 문헌에 전하는데 이것이 지금의 오대산 국립공원이다. 강원도 강릉시, 홍천군, 평창군 등 3개의 시군에 걸쳐 있는 오대산은 1975년 2월 1일 국립공원으로 지정되어 있으며, 그 면적이 298.5km²에 달한다. 연간 80만 명의 탐방객이 찾아오는 이 산은 월정사 입구의 전나무 숲을 비롯해 온 산이 아름드리 전나무로 빽빽이 들어차, 수목 군락의 절경을 보여주며, 병풍처럼 둘러선 봉우리를 잇는 능선의 완만한 곡선은 한국의 미를 완벽하게 표현하고 있다.

또한 노인봉을 시발로 동쪽으로 펼쳐진 소금강은 기암들의 모습이 금강산을 보는 듯하다고 해서 소금강이라 부르고, 또 학의 날개를 펴는 형상을 했다고 해서 일명 청학산이라고도 불린다.

>>> 적멸보궁

적멸보궁은 부처님 진신사리를 봉안한 곳이다. 그리고 한국의 5대 적멸보궁 중의 하나이다. 이곳은 상원사와 비로봉 사이에 위치하고 있다.

법당 안에는 따로 부처님상을 조성하지 않고 불단만 설치한 것이 특징이다. 우리나라에는 5군데의 적멸보궁이 있다. 신라시대 자장율사가 중국 오대산에서 기도하던 가운데 지혜의 상징인 문수보살을 친견하고 얻은 석가모니 진신사리를 봉안한 불교의 성지이다.

중대에 위치한 적멸보궁은 오대산 비로봉에서 흘러내린 산맥들이 주위에 병풍처럼 둘러싸인 중앙에 우뚝 솟아있다. 적멸보궁이 자리한 곳은 용이 여의주를 희롱하는 형국이라 하여 용의 머리에 해당된다.

작은 암자에 엎드려 무릎 꿇어 기도를 드리거나 파도소리를 듣고 있으면 세상 시름은 사라지고 별궁이 따로 없고
신선이 따로 없었다. 내가 곧 부처고 그대가 곧 신선이었으니.

양양 낙산사

마음 안에 모신 부처

석탑을 돌며 '나무관세음보살'을 외운다.
대나무가 바람에 스치는 소리가 싫지 않다.
바라는 것은 다 이루어지리라.
간절히 바라는 것은 모두 이루어지리라.
키 큰 나무들이 경솔하지 않게
원통보전 지붕을 향해 시선을
모으고 있는 걸 보면 그들도
부처님의 품을 그리워하고 있는 게 분명하다.
매일매일 목탁소리와
부처님의 말씀을 듣고 자랐던 나무들…

양양 낙산사

보타전은 해수관음상과 함께 낙산사가 관음신앙의
성지라는 것을 알려준다 .

"낙산사 화염에 휩싸인 동종"

TV를 보다가 자막 처리된 뉴스 속보에 그만 입을 닫고 만다. 그리고 얼마 후 생중
계로 이어지는 뉴스에는 화염에 휩싸인 보타각이 나타났다. 저것은 큰스님의 다비
식이 아닌가 싶을 만큼 담담하게 온몸으로 불을 받고 있는 동종. 멀리서 지켜보던
신도들은 두 손을 모은 채 발을 동동 구르고, 소방관은 연신 물을 뿌리고 있었지만
화염은 세찬 바람을 타고 더욱 맹렬히 낙산사를 태웠다. 다음날 뉴스 화면에 나타난
동종은 구겨진 종이컵처럼 형체를 알아볼 수 없을 만큼 녹아내려 매우 처참했다.

문화재보호청장은 발표했다. '원형 그대로 재생' 누가 이 말을 믿을 것인가, 동
종이 국보급 보물이라는 말에 사람들은 더욱 안타까워하고 있었다.

그 어떤 것도 생명보다 귀하지 않다고 했으나 나는 큰스님 한 분을 그렇게 보냈구
나 하는 애석한 마음을 지울 수 없었다. 식목일을 전후해 발생한 강원도의 산불, 우리
들은 또 한 번 가슴이 철렁 내려앉는 소리를 들어야 했다. 벌써 몇 년째, 몇 번째인가!

화재 결과는 참혹했다. 일주문과 스님들이 머물던 요사채, 대웅전격인 원통보전
은 형체를 알아볼 수 없게 내려앉았고, 보타전과 원통보전을 에워싸고 있는 원장
(시도유형문화재 34호), 홍예문(시도유형문화재 33호) 등 목조 건물들이 사라졌는가
하면, 보물 제479호인 '낙산사 동종' 과 '범종각' 이 전소됐다. 이 밖에도 7층 석탑,

대성문, 해우당, 고향실, 조개문, 심검당, 취숙헌, 무설전, 해수관 등이 이번 화재로 전부 사라지고 말았다.

우리 곁에서 영원히 사라져버린 동종은 1968년 12월 19일 보물 제479호로 지정되었다. 이것은 조선 예종 원년(1469년)에 왕이 그의 아버지인 세조(수양대군)를 위해 제작하여 낙산사에 보시한 종으로, 규모는 높이 158cm, 지름 98cm 나 되며 종 꼭대기에는 기품 있는 용 두 마리가 서로 등을 지고 고리 역할을 한 모양이었다. 어깨 부분에는 연꽃잎으로 띠를 둘렀고, 몸

안타까워라, 이제는 다시 볼 수 없는 아름다운 홍례문.

통 가운데는 굵은 세 줄을 그어 상·중·하로 구분하였으며, 위로는 보살상 4구를 새겼다. 보살상 사이사이에는 가로로 범자를 4글자씩 새기고, 보살상 머리 위로는 16자씩을 새겨 넣었다. 몸통 아래에 동종을 만든 시기와 그에 참여한 사람들에 대한 기록이 남아 있었다. 종 밑부분에는 너비 9.5cm 되는 가로줄이 있어 그 안에 당시 유행하던 물결무늬를 새겨 넣었다. 큰 종으로는 조각이 뚜렷하고 아름다우며 보존상태가 좋아 한국 종을 대표하는 걸작품으로 손꼽혔다. 오래 간직해오던 이

보물을 우리 곁에서 영원히 사라지게 한 원인은 어처구니없게도 행인의 담뱃불이
라고 했다.

　사람의 발길이 뜸한 지난 정월, 동해는 쓸쓸하고 고즈넉했다. 올해 유난히 잦은
영동지방의 눈 소식 때문에 출발은 불안했으나 동해로의 접근은 예상보다 쉬웠다.
길이란 이처럼 떠나봐야 안다. 연이은 뉴스가 사람들을 겨울 바다에 가지 못하도
록 붙잡는 것만 같았다. 나는 속초를 고집하고 있었고, 통일전망대에서 눈부신 해
금강과 금강산 이천봉우리를 바라보던 그날 오후 낙산사를 향해 달리고 있었다.
다음날 일정에 넣어도 상관없었는데 왜 나는 그날 꼭 낙산사에 가야한다고 고집을
피운 것인지.
　낙산사는 잘 있었다. 홍예문, 범종, 보타전, 원통보전, 7층 석탑 그리고 내가 좋아
하는 담과 거목이 가득한 숲도 모두모두 잘 있었다. 의상대에 앉아 바라보는 동해
가 그렇게 좋을 수가 없다. 의상대에서 북쪽 홍련암 가는 길, 오른쪽 옆구리에 찰랑
거리는 바다를 끼고, 왼쪽 어깨에 대나무 숲 스치는 바람소리를 들으며 절벽에
붙은 홍련암으로 내려섰다. 그 작은 암자에 엎드려 무릎 꿇고 기도
를 드리거나 파도소리를 듣고 있으면, 세상 시름은 사
라지고 별궁이 따로 없고 신선이 따로 없
었다. 내가 곧 부처고 그대가 곧
신선이었으니.

낙산사 의상대,
동해를 한 가슴에 품을 수 있는 곳에
자리를 잡고 있다.

돌아오는 길은 늘 아쉽다. 부처
와 바다를 그곳에 두고 오니 왜 그
렇지 아니할까? 나는 아쉬움을 덜
어보려고 다시 원통보전이 있는 마
당으로 올라선다. 사람들은 연신
절하고 석탑을 돌며 '나무관세음
보살'을 외운다. 대나무가 바람에
스치는 소리가 싫지 않다. 바라는
것은 다 이루어지리라, 간절히 바
라는 것은 모두 이루어지리라.

눈에는 7층 석탑이, 귀에는 풍경소리가 요란하다.

1월의 바람은 낙산사 홍례문을 거쳐 송림 사이로 흩어졌다가 다시 모여들었다.
몽우리를 안고 있는 매화가 설핏 눈을 뜨다가 놀라 다시 움츠려드는 연못가에는
새 울음이 청아하다. 아직은 꽃이 필 때가 아닌데 뭔가 착각을 한 모양이다. 꽃잎
도 사람도 부처님의 가호 아래 상처받지 않고 살았으면 좋겠다.

낙산사 경내를 감싸고 있는 토담은 아름답다. 검은 기와와 황토와 넝쿨식물이
함께 어우러져 단아하면서도 정갈한 맛이 한국의 미를 그대로 보여주고 있다. 원
통보전의 후원은 또 어떤가? 키 큰 나무들이 조금도 경솔하지 않게 원통보전 지붕
을 향해 시선을 모으고 있는 걸 보면 그들도 부처님의 품을 그리워하고 있는 게 분
명하다. 매일매일 목탁소리와 부처님의 말씀을 듣고 자랐던 나무들, 그리고 대나
무 숲에서 이는 바람소리보다 조금 더 크고 청아한 소리는 역시 원통보전 추녀 끝

소박하면서도 아름다움을 잃지 않는 낙산사 토담.

에서 제 몸을 부딪쳐 소리로 부처를 알리는 풍경이다.

높은 처마 끝에서 한순간도 쉬지 않고 몸을 흔들고 있는 저 물고기 한 마리. 내가 아주 어렸을 때도 그랬었다. 절에 갔다 온 날은 늘 나를 따라다니던 풍경소리, 그날도 예외는 아니었다. 그날 사찰을 돌아보고 홍례문을 뒷걸음으로 나오며 다시 사진을 찍었다. 참 아름다운 문이구나, 다시 한 번 감탄하며.

아쉽게도 낙산사는 지난 정월 홍례문을 사진에 담은 것이 마지막이었다. 그날 추위에 언손을 호호 불면서까지 왜 그토록 샅샅이 낙산사를 둘러보았을까. 이제 낙산사 홍례문도, 범종도, 원통보전도 다시 볼 수 없다. 낙산사를 둘러싸고 있는 우람한 나무들도 이 생에는 다시 볼 수 없는 숲이 되었다. 가서 힘을 불어 넣어줘야 될 텐데, 나는 아직 폐허가 된 사찰에 다시 갈 용기를 내지 못하고 있다. 이제 낙산사에 간다고 해도 원통보전은 어디로 갔으며 동종은 어딨냐, 누구에게 물을꼬? 제행무상(諸行無常), 세상의 모든 것은 늘 변한다고 했던가. 제행무상, 나는 다시 그 깊은 화두 속에서 부처를 생각하고 있다.

■ **가는 길**
판교IC → 호법IC → 만종IC → 강릉분기점 → 현남IC → 양양
서울 → 홍천 → 한계령 → 양양

■ **문의**
낙산사 : www.naksansa.or.kr / 033-672-2447

그 . 곳 . 에 . 가 . 면

>>> 낙산사

낙산사는 신라의 고승 의상이 창건했다. 중국 당나라의 지엄 문하에서 화엄교학을 공부한 의상이 신라로 돌아온 해는 문무왕 10년(670년)이었다. 그 후 어느 해에 의상은 낙산의 관음굴을 찾았다. 그는 지심으로 기도하여 관음보살을 친견했고, 그리고는 낙산사를 창건했다. 낙산사의 창건 연기설화는 『삼국유사』에 전한다. 이 책 「낙산이대성」조에 전하는 설화의 내용은 다음과 같다.

예전에 의상법사가 처음 당나라에서 돌아와서 대비진신이 이 해변의 굴 속에 계시기 때문에 낙산이라고 했다는 말을 들었다. 대개 서역에 보타낙가산이 있는데, 여기서는 소백화라고 하고 백의대사의 진신이 머무는 곳이기에 이를 빌려서 이름한 것이다.
의상은 재계한 지 7일 만에 좌구를 물 위에 띄웠는데, 천룡팔부의 시종이 그를 굴 속으로 인도하여 들어가서 참례함에 공중에서 수정염주 한 벌을 주기에 의상은 이를 받아서 물러 나왔다. 동해룡이 또한 여의보주 한 벌을 주기에 의상은 이를 받아서 물러 나왔다. 다시 7일 동안 재계하고서 이에 진용을 뵈고, '이 자리 위의 꼭대기에 대나무가 쌍으로 돋아날 것이니, 그곳에 불전을 짓는 것이 마땅할 것이다.' 라고 하였다. 법사가 그 말을 듣고 굴에서 나오니 과연 땅에서 대나무가 솟아났다. 이에 금당을 짓고 소상을 봉안하니, 그 원만한 모습과 아름다운 자질이 엄연히 하늘에서 난 듯 했다. 대나무

는 다시 없어졌으므로 바로 진신이 거주함을 알았다. 이로 인하여 그 절을 낙산사라 하고서 법사는 그가 받은 구슬을 성전에 모셔 두고 떠나갔다.

>>> 홍례문

원통보전을 나와 조계문과 사천왕문을 지나 나가다보면 일주문에 못미처 무지개 모양의 석문인 홍례문이 있다. 이 홍례문은 위는 누각이고 그 아래가 무지개 모양으로 되어있다.

홍례문은 세조 13년(1467년)에 축조되었다고 전하며, 그 위의 누각은 1963년 10월에 지은 것이다. 축조 방식은 먼저 문의 기단부에 걸치게 다듬은 2단의 큼직한 자연석을 놓고, 그 위에 화강석으로 된 방형의 선단석 3개를 앞 뒤 두 줄로 쌓아 둥근 문을 만들었다. 선단석은 홍례문 등에 사용되는 맨 밑을 괴는 모난 돌을 가리킨다.

문의 좌우에는 큰 강돌로 홍례문 위까지 성벽과 같은 벽을 쌓아 사찰 경내와 밖을 구분했다. 이 홍례문에는 장방형으로 26개의 화강석이 사용되었다. 그것은 당시 강원도에는 26개의 고을이 있었는데, 세조의 뜻에 따라 각 고을에서 석재 하나씩을 내어 쌓았기 때문이라고 전한다. 혹은 사용된 돌은 강현면 정암리 길가의 것을 가져다 쌓은 것이라고도 전한다.

길목마다 야생화가 피고 지고 능선을 따라 걷다 보면 멀리 푸른 동해를 관망할 수도 있으니 일거양득이다.

옛길 따라 동해로

대관령에서 산책지로
추천하고 싶은 곳은 삼양목장이다.
넓은 구릉지대에 펼쳐져 있는 이 목장은
다른 나라에 온 듯한 착각을 불러일으킨다.
고도가 높은 자연지형을 그대로 살려 만든 길이며
가축들이 풀을 뜯고 있는 풍경은 곧 그림이다.
나는 이 아스라이 아름다운 길을 걸으며
자주 내 존재에 대한 질문을 던지곤 했었다.

대관령과 삼양목장

영동고속도로를 타고 동해로 가다보면 마지막 고개인 대관령에 이르게 된다. 대관령에서도 평창군 도암면 횡계리에 위치한 스키장으로 널리 알려진 발왕산은 스키장에서 운영하는 곤돌라를 이용하면 쉽게 오를 수 있다. 하지만 이곳은 계절이 바뀔 때마다 코스를 달리해 오르는 맛이 특별해 천천히 걸어서 오르기를 권하고 싶다.

주말연속극 '겨울연가' 가 일본에서 큰 인기를 얻는 바람에 '겨울연가' 의 주 촬영지인 대관령 스키장과 발왕산 정상에 많은 일본 여행자들이 찾아와 스키시즌이 아니어도 주말과 휴일은 제2의 전성기를 맞은 듯 활기찬 분위기를 느낄 수 있다.

발왕산(1,458m) 정상은 보통 걸음으로 2~3시간이면 도착할 수 있으나 일단 땀을 흘리고 정상에 서면 멀리 동해와 크고 작은 봉우리들을 한눈에 관측할 수 있다. 바다를 대면하기에 앞서 심신을 다지는 전 단계로는 그만이다.

대관령은 고도가 높고 첩첩 산으로 둘러싸여 연평균 기온이 다른 도시에 비해 낮아 농가에선 계절에 맞게 고랭지 채소를 경작한다. 봄부터 가을까지는 배추나 감자, 옥수수가 주류를 이루고, 겨울에는 영하의 기온 속에 동해에서 갓 잡아 올린 명태가 대관령 골짜기마다 얼고 녹는다. 이 과정을 반복하면서 건조시킨 것이 바

황태덕장, 겨울 대관령에서만 볼 수 있는 진풍경이다.

로 황태인데, 황태들이 즐비한 덕장들은 기온이 낮은 대관령에서만 볼 수 있는 진
풍경이다.

우리나라에서 소비되는 황태가 거의 이 일대에서 건조된다고 해도 과언이 아니
다. 그런 영향으로 강원도에선 어딜 가나 쉽게 숙취 해소에 탁월한 황태해장국을
즐길 수 있다. 그러나 뭐니뭐니 해도 대관령은 한겨울 스키장이 문을 열었을 때,
가장 많은 사람들이 모여드는 지역적인 특성을 무시할 수 없다. 이제는 우리나라
뿐 아니라 동남아에서 모여드는 스키어와 여행자로 인해 날로 유동인구가 많아지
는 추세다. 겨울 스포츠가 스키라면 그 외에는 골프와 산악자전거, 등산을 꼽을 수
있겠다. 그리고 내륙에서는 보기 드문 자작나무가 이 일대에선 제법 많이 자라는
것을 볼 수 있다.

대관령에서 산책지로 추천하고 싶은 곳은 삼양목장이다. 넓은 구릉지대에 펼쳐

저 있는 이 목장은 다른 나라에 온 듯한 착각을 불러일으킨다. 고도가 높은 자연지형을 살려 만든 길이며 가축들이 풀을 뜯고 있는 풍경은 곧 한가하면서도 목가적인 그림을 보여준다. 나는 이 아스라한 길을 걸으며 자주 내 존재에 대한 질문을 던지곤 했었다. 국내 최대의 목장이기도 한 삼양목장 가는 길은 아직은 비포장이다. 그래서 더 운치가 있다. 길목마다 야생화가 피고 지고 능선을 따라 걷다 보면 저 멀리 푸른 동해를 관망할 수도 있으니 일거양득이다.

대관령을 넘을 때, 이젠 잘 닦인 새 고속도로가 한달음에 바다로 내려설 수 있도록 빠른 길을 유도하여 사람마다 옛길의 정서를 잊어가는 건 아쉬움으로 남는다. 업무상 떠나는 길이 아니라면 횡계리에서 대관령 옛길을 따라 천천히 달려 보시라. 예전에 고속도로였던 길이 이제는 국도로 바뀌어 차량통행이 한산하다. 이 길은 시종 내리막이니 차를 버리고 천천히 걸어보는 것도 좋다. 걷다 보면 전에 볼 수 없었던 뜻밖의 풍경을 만날 것이며 생각지도 않던 호사를 누리게 될 것이다(걷고 싶다면 대관령 하행 휴게소 강릉 방향 500m 지점에 '대관령 옛길 반정'이라고 쓰인 표지석이 있는 이곳부터 걸으면 된다). 여기서 고개를 내려서면, 성산면 오봉리에 자리

솟대들, 어디로 날아가고 싶은 것일까.

잡은 대관령 고개를 향해 금방이라도 날아오를 듯한 솟대와 물레방아가 반겨주는 대관령박물관을 들르고, 흙냄새 싱그러운 뒤쪽 자연휴양림 산책도 빠트리지 않았으면 좋겠다.

대부분의 여행자들은 강릉 하면 곧이어 속초를 떠올리지만 그 반대쪽 삼척항도 신선하다. 삼척항이 석탄과 시멘트만을 다루는 공업항으로 알려져 있지만 지금은 예전과 다른 포구의 진풍경을 보여준다. 삼척에서 울진 방향으로 가다 보면 해안을 따라 환상적인 드라이브를 즐길 수 있으나 아직도 이 길은 굴곡이 심하고 좁은

빈 배가 한가하게 손님을 기다리고 있는 경포호수.

가을걷이를 끝낸 한가한 농가의 풍경이 정겹다.

도로가 많아 조심스럽다. 강릉과 삼척 사이엔 동해항이 있지만 삼척을 벗어나면 그곳부터는 발길 닿는 곳마다 작은 어촌이 이어진다. 숨어있는 어촌을 마음에 두었다면 이 길을 빠트리면 곤란하다. 그러나 이 길 역시 운전을 하는 동안 바다의 유혹을 피할 수 없으니 조심해야 한다.

동해는 봄부터 가을까지 밤이면 마치 수평선 가득 크리스마스트리를 장식해 놓은 듯 아니 수많은 별을 바다에 쏟아 부은 듯한 휘황찬란한 오징어잡이 배를 볼 수 있다. 늦은 밤일수록 그 불빛은 바다에 진풍경을 만드는데 경험해보지 못한 사람이라면 이상한 나라에 불시착한 듯한 착각과 혼란으로 머리를 몇 번이나 흔들게 될 것이다. 그러나 오징어잡이 배의 불빛은 동이 터 오면서 일제히 사라지는데 얼마나 먼 바다에서 조업을 하는지 한나절이 되어서야 어부들은 돌아온다. 그들이 돌아오면 포구는 일제히 술렁거리기 시작하고 가까운 수협 위판장은 생선 비린내를 몸에 바른 사람들로 북적거린다.

고향을 바다에 두어서일까, 내륙에 살면서도 여전히 그리워하는 곳은 역시 동해

곳곳에 쉼터시설이 잘 되어있는 경포호수, 누군들 이 의자를 보면 쉬어가지 않을까.

멀리 보이는 곳이 삼척항이다.

이다. 그러나 강릉은 영동고속도로를 이용했을 때 제일 먼저 걸음이 닿는 곳이니 가장 많이 선호하는 것은 당연할 것일 터.

초겨울 바닷바람이 매섭다. 꽃은 언제 다 피고 졌는지, 망상 같은 코스모스 꽃대는 까맣게 죽어서도 눕지 못하고 바람 많은 동해의 국도를 지키고 있다. 그 여행 중 나는 삼척을 지나 작은 갈남 마을의 손바닥 만한 포구에서 떠돌이 고양이를 만났다. 조금은 차갑고 오만하고 비사교적이며 때로는 알 수 없는 적의로 가득 찬 고양이를 품에 안고 바다를 바라본 것은 꿈같은 일이었다. 고양이는 외로웠는지 조용히 쓰다듬어주는 내 손길을 아무 저항 없이 받아들였다. 여름 한철 수많은 사람들로부터 몸살을 앓아왔을 포구, 고양이를 괴롭히던 사람들은 철새처럼 떠나고 그가 서서히 누군가 그리워지기 시작할 때 내가 나타난 모양이다.

나는 고양이에게 '바다' 라는 이름을 지어주었다. 사실 고양이가 아니라 강아지였어도 나는 바다라 불렀을 것이다. 일찍이 바다에서 만나는 것은, 그것이 무엇이든 '바다' 라고 이름 붙이는 일을 전부터 즐겼다. 그러나 얌전한 고양이는 내가 '바다' 라 부르는 것을 별로 좋아하는 것 같지 않았다. 눈을 감은 채 무릎에 턱을 고이고 파도소리를 듣는 척하다가 내가 '바다야!' 라고 부르면 귀찮은 듯 눈을 떴다가 감는 게 전부였다. 떠돌이라고 미루어 짐작하기에 '바다' 는 상처 하나 없는 깨끗하고 부드러운 털을 가진 데다 사람을 잘 따르는 것도 조금은 이상했다. 하지만 그 이유가 아니라도 나는 '바다'를 좋아했을 것이다. 내가 '바다'의 언어를 모르고 '바다'가 나의 말을 모른다는 사실은 어떤 문제도 되지 않았다. 나는 '바다'가 심심할 것 같아서 "넓고 넓은 바닷가에 오막살이 집 한 채…"를 불러주었다. '바다'를 안은 내 품이 따뜻해진 걸 보면 '바다'의 가슴도 분명 훈훈했으리라.

산에서 만나는 물고기라! 발왕상 정상,
누군가 물고기 모양의 깃발을 세워놓았다.

이 포구에 와서 운 좋게도 동쪽과 남쪽, 그러니까 2개의 창이 있는 방 하나를 얻었다. 이 방에는 하루 종일 빚쟁이처럼 신발도 안 벗고 아랫목에 벌렁 누워 떠날 줄 모르는 햇살이 있는데 밉기는커녕 사랑스럽기만 했다. 남쪽 창으로 말갛고 푸른 햇살이 찰랑거리고, 동쪽 창으로는 수평선이 그대로 들어와 바다를 한껏 품을 수 있으니 이런 경우를 일러 일석이조, 금상첨화라고 했던가, 방 하나를 제대로 얻은 것이 가난한 나를 세상에 그 무엇도 부러울 것 없는 부자로 만들었다. 오전에 가까운 뒷산을 걷다가 잠깐 방에 들렀더니 내가 없어도 혼자 능청떨며 놀고 있는 햇살이 그렇게 이쁠 수 없다. 방안에 앉아서 창을 통해 바다를 보고 있으면 역시 이곳에 오길

잘했다는 생각이 절로 들어 행복해졌다.

　낮에 그렇게 사납게 불던 바람도 저녁이 되자 잠잠해져서 포구는 한결 조용하고 차분하다. 조금 전까지 마을 어른들이 가로등 아래 그림자를 업고 두런두런 이야기꽃을 피우고 있었는데 지금은 모두 돌아가고 없다. 시계를 보니 겨우 8시인데 초겨울로 접어들면서 8시도 한밤중처럼 느껴지니 어촌의 겨울밤은 얼마나 길고 막막한지. 도시생활과는 너무도 다른 어촌생활, 아무도 강요하지 않지만 느림의 철학을 그대로 실천하고 누리는 시골생활은 시계가 없어도 무관하다. 노동이나 쉼 등 모든 생활 리듬은 해가 뜨고 지는 것을 기준으로 하여 규칙적으로 노동하고 움직이니 어두워지면 자고, 밝으면 일어나는 건강한 생활의 연속일 수밖에 없다.

　9시 이후 포구는 적요 그 자체이다. 멀리 국도로 오가는 자동차의 불빛도 뜸해 손가락으로 숫자를 셀 정도지만 10시 이후에는 이 마을로 내려서는 차들도 아예 끊겨 적막하기만 하다. 나는 세상에 하릴없는 사람처럼 모자를 눌러쓰고 포구에 나갔다가 들어오기를 몇 번, 오늘밤도 역시 쓸쓸한 바다를 친구 삼아 지낼 수밖에 없다. 일찍 잠자리에 들면 내일 아침 수평선에서 떠오르는 일출을 환영처럼 볼 수 있을 텐데, 그 작은 희망 하나로 불을 끄고 자리에 누워보지만 자꾸만 바다가 가슴을 헤집고 들어오니 마음은 그저 신산하기만 하다.

■ **가는 길**
영동고속도로 → 원주 → 대관령 → 강릉 → 삼척 또는
영동고속도로 → 원주 → 진부 → 오대산 입구

■ **문의**
강원도 여행 정보 : www.kangwondo.net, www.koreaitour.com

그·곳·에·가·면

>>> 대관령 삼양목장

오대산 국립공원의 동쪽 경계를 이루는 소황병산 (1,400m) 정상에서 대관령 쪽을 향해 완만한 경사로 흘러내린 구릉지대이다. 주변 경치를 감상하며 승용차를 타고 순환도로를 돌면 대략 2시간 30분 정도 걸린다. 무엇보다 드넓은 초지와 구릉지대 그리고 산책하기 좋은 코스로 널리 알려져 있다. 중간에 벤치가 놓여있어 소풍하기에도 좋다.

>>> 대관령박물관

구 영동고속도로를 따라 아흔 아홉 구비를 돌면 고갯길이 채 끝나기 전에 옛 선비들이 한양을 오가던, 역사적 정취가 어린 대관령 옛길 입구에 자리하고 있다. 이곳 박물관 터는 태백산맥의 혈이 떨어지는 곳으로 조상들의 얼과 숨결이 모아진 곳이다.

>>> 용평 리조트 실내 레포츠

수영장, 볼링장, 참소리 에디슨 박물관, 헬스클럽 등이 있고 밖에서 할 수 있는 레포츠로는 골프, 피치＆퍼터 골프 연습장, 산악썰매, 관광케이블카, 산악오토바이, 양궁장, 서바이벌 경기장, 테니스장, 밧데리카, 범버카, 인라인스케이트 등이 있다.

>>> 대관령 자연휴양림

횡계 IC를 나와서 구 고속도로를 이용해 강릉으로 내려가다 보면 대관령 고개 중턱에 우리나라 첫 자연휴양림인 대관령 자연휴양림이 자리 잡고 있다. 아름드리 소나무 숲이 융단처럼 펼쳐져 있고 요란한 폭포수가 시원스레 쏟아져 내리는 곳에 자리한 대관령 자연휴양림은 아직도 태고의 웅장함을 그대로 갖춘 곳이다.

>>> 월정사

오대산에 있는 사찰로 대한불교조계종 제4교구 본사로서 당나라에서 돌아온 자장 스님이 643년(신라 선덕여왕 12년)에 지금의 절터에 초암을 지었다고 한다.
주요 문화재로는 석가의 사리를 봉안하기 위하여 건립한 8각 9층 석탑과 상원사 중창권선문이 있다. 이 밖에 보물 제 139호인 석조 보살좌상이 있다.

>>> 상원사

오대산에 있는 사찰로 대한불교조계종 제4교구 본사인 월정사의 말사로 월정사와는 이웃하고 있다. 원래의 절은 724년 신라의 대국통이었고 통도사 등을 창건한 자장 스님이 지었다고 한다. 지금은 종각만 남고 건물은 8·15광복 후에 재건한 것이다. 현존 유물 중 가장 오래된 동종(국보 제36호)이 있다.

미술관 가는 길은 차를 손보거나 가방을 챙기고 도시락을 싸는 번거로움 없이도 간단히 떠날 수 있는,

일상이 여행으로 이어질 수 있는 바로 그런 코스인 셈이다.

과천 현대미술관

봄빛 가득한
그곳으로

미술관 가는 길가엔
햇살이 봄 마중을 나와 있었다.
아직 벚꽃이 까르륵 웃음을 터트리기 직전의 모습은
꽃을 더욱 꽃답게 했다고나 할까?
피기 직전은 역시 아름답다.

과천 현대미술관

붉은 단풍나무와 담쟁이, 나뭇잎들은
도처에서 온몸으로 계절을 알린다.

긴 겨울 끝에 찾아온 봄은 점심을 먹고 분주히 사무실로 돌아가야 하는 직장인 누구에게나 문득 떠나고 싶은 유혹을 떨칠 수 없게 한다. 거창한 계획이나 경비와 시간을 계산하지 않고 두려움이나 긴장감을 호주머니에 넣지 않아도 되는 짧은 탈출은 어떤가.

가까이 있는 사람일수록 자주 못 보는 것처럼, 가까운 곳은 언제든 찾을 수 있다고 여겨 못 가기 일쑤이다. 마음 안의 것들도 마찬가지, 나보다 그대가 잘 보이듯 때로는 먼 곳이 더 잘 보이고 느껴질 때가 있지 않던가, 그간 곁에 있는 것들에 무심했다는 생각이 든다면 지금 한 번 떠나보자.

미술관 가는 길은 누구에게나 친숙하다. 4호선 지하철 서울랜드 역에서 하차하면 바로 셔틀버스가 기다리고 있기 때문이다. 그러니까 차를 손보거나 가방을 챙기고 도시락을 싸는 번거로움 없이도 간단히 떠날 수 있는, 일상이 여행으로 이어질 수 있는 바로 그런 코스인 셈이다.

너무나 익숙하고 아름다운 숲 터널인 미술관 가는 길가엔 햇살이 봄 마중을 나와 있었다. 아직 벚꽃이 까르륵 웃음을 터트리기 직전이라 더욱 아름답다. 곧 세상이 꽃으로 뒤덮일 테니 꽃 핀 세상을 상상 속에 그리는 일도 즐겁다. 미술관 가는 길은 구부러진 길 자체가 숲으로 이루어져 벚꽃과 노란 개나리 터널을 지나는 동안은 하늘을 보기가 어렵다.

가로등에는 '봄바람 축제'를 알리는 현수막이 바람에 나풀거렸다. 놀이공원에서 운영하는 케이블카는 젊은 연인들을 태우고 위아래로 천천히 움직였다. 미술관을 가면서 놀이공원을 기웃거리게 되는 심사는 누구에게나 있는 유아적 호기심 탓일 게다. 이른 봄이라 그런지 놀이공원은 한산하다. 야외 조각장 입구에는 화사한 진달래가 방문자를 유혹한다. 조각품은 인간이 만들었지만 역시 자연 속에 있을 때 억지가 없고 조화로운 작품이 된다.

개나리꽃의 환영을 받으며 걸어 들어가는 대공원 길은 언제나 산책자를 유혹한다.

발품을 팔 준비가 되었다면 누구라
도 알찬 시간을 보낼 수 있는 곳이 바
로 미술관이다. 하루쯤 다리가 아프도
록 걸을 각오가 되었다면 승용차를 두
고 대중교통을 이용하는 것도 한 방법
이다. 걷기 좋은 곳으로는 공원의 호수
주변을 들 수 있겠다. 특히 저수지 둑
을 걸어보면 주변이 산으로 둘러싸여
있고 잘 가꾼 넓은 정원이 있어 눈과
마음이 즐겁다.

봄에는 호수를 따라 벚꽃이 피고 가
을에는 코스모스가 길을 채운다. 여름
엔 저녁 무렵이 걷기에 좋다. 아직 시
도해 보지 않았다면 딱딱한 신발을 벗
고 맨발로 걸어보는 것도 색다른 경험
이 될 것이다. 그렇게 호수를 돌아 동
물원이 있는 후문 쪽으로 걸어 올라가
면 길은 바로 미술관으로 이어진다.

도처에 '봄바람 축제'를 알리는 현수막이 바람에
나풀거린다.

미술관 마당으로 들어서면 작은 연못이 있고 그 주변으로 조각과 설치작품들이
널려있다. 그냥 마당일지라도 미술관 마당에선 작품이 아닌 것은 하나도 없다. 연
못도 나무도 바람개비도 빈 의자도.

갤러리들의 상상력을 자극시키는
미술관 뜰에 설치되어있는 수많은 바람개비들.

느긋이 바깥쪽을 둘러보고 미술관 안으로 들어서면 우선 전면부에 큰 공간을 차지하는 작품 한 점이 시선을 붙잡는데, 텔레비전 화면 속에서 계속 움직이는 그림들 그것이 바로 세계적인 비디오 예술가인 백남준의 '다다익선'이라는 작품이다.

전시장으로는 상설 전시장, 특별 전시장, 램프코아, 원형 전시실, 제 3·4·5·6 전시실, 중앙 홀, 2·3층 회랑, 야외 조각 등이 있으며 그 밖에도 2·3층 중간에 어린이를 위한 어린이 미술관 등이 있다. 전시장의 규모는 천천히 돌아보아도 한나절 정도면 가능하다.

건물 내부의 휴게실이나 매점에서 간단한 요기를 하거나 차를 마실 수 있고 기념품을 구입할 수도 있다.

무슨 인연일까, 조금 전 미술관을 들어설 때 한 쌍의 커플을 만났는데 연못을 산책할 때도 실내에서 작품을 돌아볼 때도 앞서거니 뒤서거니 하며 함께 관람을 했다. 몇 시간 후 주차장에서 그들을 만났을 때, 나는 오래 전부터 알고 지내온 사람처럼 가벼운 목례를 했다. 빙그레 웃으며 그들도 나를 따라 목례를 하고 돌아섰다. 어디서 본 듯한, 그래서 조금도 생소하지 않은 두 연인들은 언제 어떤 인연으로 스쳐간 것인지, 그들이 떠난 길을 따라 주차장을 빠져 나왔다. 잠시 한눈파는 사이 시야에서 사라지고 없는 연인들, 그날 밤 나는 스쳐 지나간 많은 사람들의 이름을 기억나는 대로 호명하며 그들을 잊지 않으려고 했었던 것 같다.

이 봄, 시간이 괜찮다면 근대 한국화의 대가인 안중식, 채용신, 변관식의 명품 그림과 사진들, 권진규의 생동하는 얼굴소상, 타피에스, 슐라주, 베허 부부 등 현대 유럽 대가들의 명품을 볼 수도 있고, 동서 회화·조각·설치 미술 등 다양한 장르의 명품들을 만날 수도 있다. 여행은 코스가 길든 짧든 시간이 남아서 가는 것이 아니라 시간을 만들어야 갈 수 있는 것이지만 현대미술관 정도라면 한나절 주말 나들이로는 손색이 없을 것이다.

■ **가는 길**
대중교통 : 지하철 4호선 서울대공원역 → 셔틀버스 이용
자가용 : 사당에서 남태령 고개 → 대공원 입구 → 미술관

■ **문의**
서울대공원 : www.moca.go.kr
과천 현대미술관 : www.grandpark.seoul.go.kr

≫ 국립 현대미술관

한국 근·현대 미술의 흐름과 세계 미술의 시대적 경향을 동시에 수용하는 국내 유일의 국립미술관으로 1969년 경복궁 소전시관에서 개관하였다. 1986년 과천의 현 위치에 국제적 규모의 시설과 야외 조각장을 겸비한 미술관을 개관하여 우리나라 미술 문화의 새 장을 열게 되었다.

≫ 서울대공원

총 면적 646만m²로 도시인의 녹지공간 확보와 위락시설의 확충을 위하여 서울시가 1978년 착공하여 1984년 5월에 개원하였다. 동물원은 세계지도 모형으로 배치된 아프리카관, 유라시아관, 북미관, 호주관 등 75개 사육사에서 사육되고 있고, 식물원에는 열대·아열대관, 선인장 및 다육식물관, 난·양치류관 등이 있다. 부대시설로는 청소년 문화시설, 시민 이용 위락시설, 자연공원, 호수, 관리시설 등이 있고, 그 밖에도 민속놀이터, 잔디운동장, 전망대, 어린이놀이터, 음악당과 동물, 식물연구소 등이 있다. 이 가운데 동·식물원과 부대시설은 시에서 운영하고 있으며, 문화시설 및 위락시설은 민간자금을 유치해서 운영하고 있다. 이 밖에도 호수변을 순회하는 무궤도열차가 운행되고 있다.

≫ 주변 가볼 만한 곳

관악산, 수락산, 백운산, 경마장, 놀이공원, 식물원, 동물원

미술관 가는 길

걸어보셨는지요, '희원'이라는 뜰

여행에서 하염없이 바라보고
자연과 대화하는 것을 제외하면 무엇이 남는가,
바라보는 것만으로도 이미 명상이지만
계속 같은 것을 보거나 같은 동작으로 몸을 움직이다 보면
내적으로 맑아지는 것은 시간문제일 터,
그 끝에 누구나 바라는 열락(悅樂)이 있다면
그것이 곧 니르바나(Nirvana), 곧 열반(涅槃)이 아니겠는가.

호암미술관

춥다, 마음 밖에 내놓고 잊고 지낸 것들 서둘러 들여놓아야 할 때, 산책은 물 위에서부터 시작되었다. 잘 다듬어진 길과 숲, 오래된 시간과 꿈들이 나무를 심고 흙을 고른 희원(熙園)이라는 뜰, 창백한 갈대들 죽어서도 눕지 않는 흔들리는 겨울 호수, 물에 처소를 둔 오리들은 이제 때가 왔다고 물 안에서도 밖에서도 분주하기만 하다.

적막한 늦가을의 정취가 이채롭다.

그대의 고백이 마음 밭에서 썩지도 못하고 경전이 되던 날 발가벗은 자작나무의 은빛 뼈들이 숲을 채우고 길의 신(神)들 거리로 나와 햇살을 즐기는 정오, 나는 시간이 만든 저 크고 작은 것들에게 머리를 숙이지 않을 수 없었다. 11월이 질컥대거나 징징거림이 없어 좋다면 12월은 고집스럽고 냉정해 좋다. 모두 낮이거나 모두 밤인 겨울 숲이 아름다운 것은 전부 버리고도 비굴하지 않은 당당함에 있다. 길 위에서 한 해의 끝을 맞는다. 나는 마른 내 아버지 손등에 떨어지는 눈물 같은 저편에 빛과 그늘의 신들이 사는 희원이라는 이름을 가진 정원을 알고 있다. 살아있어도 살아있다고 말하지 않은 것들이 그곳을 신선하게 채우고 있는 희원.

　　12월 어느 날 호암미술관의 희원(熙園)을 다녀와서 쓴 글에는『12월의 산책』이라는 제목이 붙어있었다. 후에 읽어보니 그때 내가 본 겨울의 희원은 따뜻하고도 한가롭다.

　　여행에서 하염없이 바라보고 자연과 대화하는 것을 제외하면 무엇이 남는가, 바라보는 것만으로도 이미 명상이지만 계속 같은 곳을 보거나 같은 동작으로 몸을 움직이다 보면 내적으로 맑아지는 것은 시간문제일 터, 그 끝에 누구나 바라는 열

마른 나무와 갈대들이 호수에 발을 담그고 사색에 젖어있는 듯하다.

락(悅樂)이 있다면 그것이
곧 니르바나(Nirvana), 곧 열
반(涅槃)이 아니겠는가.

　일상 속에서 문득 낯선 것
을 만나고 느끼는 것도 여행
이랄 수 있다면, 지금 당장
하던 일을 멈추고 자리에서

미술관 뜰에 전시되어있는 갖가지 석상들.

일어나 차에 시동을 걸기만 하면 갈 수 있는 곳이 있다. 과천 서울랜드에 국립 현
대미술관이 있다면, 용인 에버랜드에는 한국적인 분위기가 물씬 풍기는 호암미술
관이 있다. 과천미술관 가는 길이 벚꽃 터널을 통과해야 한다면, 호암미술관 가는
길은 자작나무의 호위를 받으며 달릴 수 있다. 두 곳 모두 놀이동산을 끼고 있다는
특성을 가지고 있는데 이것이 하나의 치밀한 설정이라 해도 이 두 곳은 어느 명승
지 부럽지 않은 아름다운 자연경관을 배경에 두고 있다.

　국립 현대미술관에 비하면 기업체가 운영하는 호암미술관은 규모 면에서 한참
뒤떨어진다. 그러나 호암미술관은 국보급 진귀한 소장품 못지않게 단아한 한국식
정원이 있는데 이름하여 '희원'이다. 희원에선 자연의 품에 던져놓은 모든 것이 그
대로 작품이다. 소박한 돌담과 석조각, 희귀한 정원수, 그리고 곳곳에 마련되어 있
는 쉼터. 그리고 찻집조차도.

　여행이란 물 흐르듯 아니, 바람 가듯 시간을 쓰는 일인지도 모른다. 미술관으로
의 나들이는 머리와 가슴을 동시에 채우는 일이므로 조금 과욕을 부린다면 간단한
준비만으로도 작품을 이해하는 데 도움을 얻을 수 있다. 그러나 작품을 이해하지

키 작은 석상도 쌍을 이루니 보기에 좋다.

못하거나 또 좋아하지 않으면 어떤가, 타인의 휴식을 방해하지 않은 범위에서 산책을 하며 잠시 머리를 식힌다 해도 나무랄 사람은 없다.

그러나 이왕 갔다면 주차장에 차를 세우고 미술관으로 들어가기 전 아담한 뜰을 한 바퀴 돌면서 마음의 준비를 갖추는 것이 필수다. 미술관으로 드는 입구의 벚나무 터널은 바닥에 침목을 깔아 걸을 때 발바닥에 느껴지는 감촉이 그만이다. 벚꽃이 만개할 때 이곳은 웨딩드레스를 입은 신부만이 걸을 수 있는 화사한 천국의 터널을 연상시킨다. 걸으면서 만나는 호수, 아랫도리를 물가에 묻은 산 그림자를 한동안 들여다보아도 좋다. 가을에는 갈대가 볼 만하고 겨울에는 얼음 호수가 좋다. 물오리떼를 관찰하는 것도 흥미롭다. 그러나 뭐니뭐니 해도 주변에 한가하게 산책할 수 있는 길이 이어져 그곳을 걷다 보면 저절로 마음이 푸근하게 정화된다. 바로 옆에 에버랜드라는 국내 굴지의 놀이동산이 있지만 이곳 미술관 뜰에서는 시선이나 소음의 방해가 거의 없다.

어느 정도 산책이 끝나면 푸른 기와지붕의 한국식 건축물인 미술관으로 들어가 그림을 살펴보아도 좋고, 그 뽀얀 살결의 조선백자에 마음을 주거나 조각품을 감상해도 좋다. 형식에 사로잡히지 말고 나름대로 작가의 의도를 상상하고 유추해보자. 작품을 대할 때 중요한 것은 평론가들이 짚어주는 친절한 관념이 아니라 자유로운 상상이란 것을 잊어서는 안 된다.

정자에 앉아 호수에 그림자를 드리운 겨울나무를 들여다보는 일도 명상이다.

봄에는 대로(大路)를 버리고 소로(小路)를 걸어보자.
삶이 새로워질 것이다.

삼막사 삼층석탑, 석조부도, 한국정원, 대나무 정원, 부르델 정원을 통과해 안으로 들어가면 1층에는 17~20세기 한국민화를 대표하는 작품들이, 2층엔 고서화 및 도자기가 전시되어 있고, 4전시실에는 가야시대의 문화유산을 볼 수 있도록 전시해놓았다.

부대시설과 작품뿐 아니라 한국건축의 전통미를 그대로 살린 호암미술관은 미술품의 영구보존을 위해 온·습도 자동조절시설, 퇴색방지용 자외선차단 조명시설, 전자 자동경보시설 등 세계적 수준의 시설을 갖추고 있으며, 선사시대에서 현대에 이르기까지 다양한 작품이 전시되어 있어 한국 미술의 흐름을 알 수 있다.

수도권이 주거지라면 이 정도 거리에 위치한 미술관에 들르기 위해 주말마다 차에 시동을 걸어도 크게 무리는 없을 것이다. 여행이란 때로는 그냥 그렇게 일상의 크고 작은 변화를 꿈꾸는 일이 아닌가, 굳이 지식을 암기할 필요도, 그렇다고 역사적 배경을 낱낱이 공부할 필요도 없다. 휴식을 위한 휴식과 건강한 일상의 복귀를 위한 재충전으로 잠시 쉬었다 가는 것은 어떤가, 계절을 맞춘다면 미술관이 문을 닫는 야간엔 에버랜드의 봄꽃, 튤립과 장미 축제도 한번 참가해 볼 만하다.

하루 일정으로 집을 나섰다면 미술관 관람에 이어 여주, 이천을 둘러보는 코스도 무난하다. 경기도 여주나 이천은 본래 도자기 고장이니 만큼 매년 봄마다 도자기 축제가 열리는데 이때에 시간을 맞추면 더할 나위 없겠다. 여주에서는 남한강이 있는 신륵사 일대에서 축제가 펼쳐지고, 이천 시내 지정된 장소에서 대규모 행사가 벌어지는데, 생활 도자기는 물론 원한다면 직접 흙을 만지고 물레를 차 그릇을 빚어보는 시연도 가능하다. 이 행사는 도자기를 실생활에 끌어들여 우리 도자기의 우수성을 많은 사람들에게 알리고 보급하는 계기를 마련하고자 열리는 축제다. 그러나 여주, 이천에서 도자기 축제가 열리는 때가 아니어도 도처에 도자기를 구은 가마가 있어 연중 볼거리가 풍부하다.

■ **가는 길**
영동고속도로 → 용인 → 이천 → 여주
수원이나 용인에서 에버랜드까지 시내버스 수시 운행

■ **문의**
한국관광공사 : www.visitkorea.or.kr
여주도자기 박람회 사이트 : www.ceramicexpo.or

그.곳.에.가.면

››› 호암미술관

경기도 용인시 포곡면 가실리에 있는 사립 미술관으로 1978년에 준공, 1982년 4월에 개관했다. 삼성그룹 전(前)회장 호암 이병철이 수십 년간 수집한 미술품들을 1978년 삼성미술문화재단에 기증함으로써 본격화하였다.

한국 건축의 전통미를 살린 이 미술관은 미술품의 영구 보존을 위해 온·습도 자동조절시설, 퇴색방지용 자외선차단 조명시설, 전자 자동경보시설 등 세계적 수준의 시설을 갖추고 있으며, 선사시대에서 현대에 이르기까지의 한국 미술을 대표하는 중요한 미술품들이 전시되어 있어 한국 미술의 흐름을 한눈에 볼 수 있다.

››› 와우정사

용인시 해곡동 연화산에 있는 사찰. 대한불교 열반종의 총본산으로 1970년 실향민인 김해근이 부처의 공덕으로 민족 화합을 이루기 위해 세운 호국 사찰이다. 현존하는 건물로는 열반전 · 대각전 · 범종각 · 요사채 등이 있다.

››› 신륵사

여주읍의 동북 쪽에 나지막한 봉미산이 있고 이 산의 꼬리가 여강에 까지 뻗어 안벽을 이루는 남쪽 기슭에 자리 잡고 있다. 불교의 성지요, 역사와 문화의 중심자리에 우뚝 서 있는 천년 고찰이다.

››› 도자기 비엔날레

4월에서 6월까지 여주, 이천 일대에서 펼쳐지고 있는 이 행사는 실생활에 필요한 도기를 쉽게 구입할 수 있고 직접 만들어 보는 기회도 가질 수 있는 도예공방 흙놀이 체험 등이 준비되어 있다.

숲길

세상 어디에 저리 긴 시간을 살면서 저처럼 흔들리지 않는 존재가 있을까.
나는 그 사실이 마냥 믿음직스럽고 좋아서 선뜻 자리를 뜰 수 없었다.

금산 보석사 전나무 숲

그곳에 보석이 있으므로

사람이 만든 길이 있고 자연이 만든 길이 있지만
이 길은 사람과 자연이 몸을 문지르면서 만든 길이다.
누구는 두 사람이 걸으면 딱 좋다고 했지만,
걸어보니 이 길은 혼자 걸어야 제 맛을 느낄 수 있는 길이다.
어찌 보면 게으른 사람 중간에 포기하지 않고,
발 빠른 사람 맺고 끊기에 좋은 그런 길이기도 하다.
허나 이 길이 나를 편하게 하는 것은
나무와 나무 사이에 넓지도 좁지도 않는
적당한 간격이 있다는 것.

보석사 입구, 이 길을 통과해야만 절 마당으로 들어갈 수 있다.

금산 보석사 전나무 숲

집을 나서자 지독한 안개가 시야를 가린다. 경부고속도로를 달리다 판암분기점에서 대진고속도로로 갈아타고 금산휴게소를 지나 금산IC로 나간다. 금산읍에서 진안 방향으로 13번 도로를 타고 약 10분쯤 달리다보니 보석사 이정표가 보인다.

안개를 헤치고 금산IC에서 보석사까지 오는 동안 소문대로 금산은 인삼나라다. 시내 곳곳에 '인삼'이라는 상호가 보이고 어느 들판을 달려도 인삼밭이 눈을 씻어 준다. 그러나 그것 모두를 지나쳐 나는 보석사 주차장으로 들어선다. 공동화장실까지 갖춰진 주차장은 텅 빈 채로 말끔하게 정돈되어 있고, 주차장 규모로 보면 보석사는 소문처럼 작은 절은 아닌 듯했다. 차를 세우고 추위를 대비한 옷을 갖춰 입은 채 단청 벗겨진 낡은 일주문 앞에 선다.

참 소박한 문이다. 일주문 양편으로 늘어선 소나무 몇 그루가 발로 쓴 글씨처럼 자유롭게 뻗어있다. 보석사는 진악산(732m) 아래 있다고 했으니까 맞은편 우뚝 솟은 봉우리가 바로 진악산인가 보다. 산은 높아 보이지 않았지만 봉우리는 또렷한 이중의 삼각형을 보인다. 저 오른편 삼각산 아래 돌과 흙으로 쌓은 담장과 그 담장 끝에 뾰족한 기와지붕이 바로 보석사지 싶다.

일주문을 지나자 바로 나를 유혹하는 전나무 길이 나타났다. 그러나 나는 순서를 바꾸고 싶지 않아 오른쪽으로 들어선다. 생각보다 담장이 높다. 무엇 때문에 저 작은 사찰에 이렇게 크고 높은 담장을 쌓았을까? 단아한 '寶石寺' 현판이 걸려 있는 안쪽으로 계단 몇 개를 밟고 올라

얼마나 심플한가, 단청 없는 소박한 일주문.

선다. 푸근한 기온 때문인지 지붕마다 눈 녹아내린 물이 흘러 추녀 끝은 마치 비가 퍼붓는 듯하다. 잘못하면 얼음 세례를 받을 판이어서 걸음이 조심스럽다. 마당 안으로 올라서자 기대했던 대웅전은 보이지 않고 별채와 넓은 마당이 한가롭다.

전체적으로 보면 일주문을 지나 왼편으로 의선각이 있다. 의선각에는 조헌과 영규대사 비가 있는데 이들의 충절을 기리는 전각이다. 대웅전은 정면 3칸의 맞배지붕으로 소박하고 아담했고 그 안에 모셔진 불상의 표정은 천진하기 짝이 없다. 좌우의 협시보살은 보현보살과 문수보살이라고 했던가. 대웅전 마룻바닥은 소문대로 정갈했다. 낡은 대웅전을 중심으로 왼쪽 의선당, 주변으로 둘러져 있는 돌담이 정겨운 산신각, 규모가 그럴 듯한 범종각, 그리고 산신각 주변으로 작은 숲을 이루는 대나무들….

세월의 고단한 무게를 이기지 못해 간신히 서 있는 듯한 이 절에서 작은 건물에 속하는 행랑채는 버려진 듯한 폐가였지만 단연 눈길을 끈다. 지붕도, 기둥도 금방 주저 앉을 듯 삐딱하다. 저 작은 건물은 사찰의 중심이 되는 대웅전을 마주하고 있어서 사람에 따라 더러 시선이 불편할지도 모르지만 나는 달랐다. 지금은 창고처럼 쓰는 작은 행랑채가 절 안으로 들어선 걸음이 대웅전을 만나기 전 호흡을 쉬어가도록 배려하는 것 같아 여유롭다.

보석사 담장, 대웅전은 담에 가려 겨우 지붕만 보인다.　저 삐딱하게 서 있는 작은 별채, 세월의 흔적이 깊다.

고찰에 어울리지 않게 대웅전 왼편에 있는 새를 조각한 음수대가 눈에 띈다. 어떤 사람은 불가에서 말하는 상상의 새 '가릉빈가' 라 했지만 흰 대리석으로 조각한 탓인지 신비감은 없고 인위적인 것만 덧씌워져 보기에 거슬린다.

음수대를 지나자 계곡 아래 은행나무에 마음을 빼앗긴다. 1,100년이라는 나이를 얹고 있어서인지 겨울임에도 생명의 영험한 기운이 그대로 느껴졌다. 대웅전을 둘러보고 절을 내려서서 은행나무에 가까이 가기 위해 낡은 목조다리를 건넌다.

다 건넌 다음에 팻말을 보니 낡아서 위험하므로 건너지 말란다. 그것도 모르고 룰루랄라 건넜으니 몰라서 오히려 약이 된 셈이다. 가까이에서 보는 은행나무는 왠지 섬뜩하고 두렵다. 나이든 자의 영혼 때문일 게다. 이곳에서 일주문 방향으로 나가는 길이 있고 반대편으로는 진악산 등산로로 이어지는 또 하나의 길이 기다리고 있었지만 나는 일주문으로 향한다.

나오는 길은 나무를 경계로 두 갈래 길이 자연스럽고도 선명하다. 하나는 은행나무가 조성되어있는 넓은 길이고 다른 하나는 아름드리 전나무 길인데, 전나무 길은 두 사람이 어깨를 맞대고 걷기에 딱 좋을 정도이다. 맞다, 전설을 무시해도 좋다면 보석사는 저 나무와 길로 인해 생긴 이름은 아닐까 싶기도 하다. 살아있는 나무들은 푸르게 하늘을 찌를 듯 서 있고 군데군데 고사목이 섞여 생사(生死)가

혼재된 모습을 보여준다. 그렇지, 생과 사는 같은 말이었지…. 나는 오래된 거목을 쓰다듬는 동안 거룩한 경전의 소중한 페이지를 떠올렸다.

걸으면서 진악산 쪽으로 고개를 돌리면 현실인 듯 꿈인 듯 보석사 지붕이 숲에 가려져 신비감이 더하다. 쌀쌀했지만 그래도 한 번으로는 아쉬워 왕복 두 번을 이 끝에서 저 끝까지 걸었다. 사람이 만든 발자국과 나무가 서로 간격을 두고 자연스럽게 이룬 아름다운 산책로는 근래에 본 몇몇 사찰 중 가장 인상적이었다.

전나무 숲이 끝나는 곳에 기다리고 있는 것은 일주문이다. 들어오는 입구에서 볼 때도 좋았는데 숲을 등지고 보는 일주문은 더욱 그럴듯하다. 아마 호젓한 숲 때문이리라.

사람이 만든 길이 있고 자연이 만든 길이 있지만 이 길은 사람과 자연이 몸을 부비고 문지르며 만든 길이다. 누구는 두 사람이 걸으면 딱 좋을 것이라고 했지만, 걸어보니 혼자 걸어야 제 맛을 느낄 수 있는 길이다. 흠이라면 약간 짧다는 것인데 그것이야 생각하기 나름 아닌가, 게으른 사람 중간에 포기하지 않고, 발 빠른 사람 맺고 끊기에 좋은,

1,100살이나 산 은행나무 노거수.

그런 길이 바로 이 길이다. 허나 이 길이 나를 편하게 하는 것은 나무와 나무 사이에 넓지도 좁지도 않는 적당한 간격이 있다는 것.

나는 길이라 했지만 이곳은 그냥 길이 아니다. 더러는 '걷기 좋은 길' 대신 멋을 부린 듯한 말로 '산책로'라고도 하지만 따지고 보면 그냥 산책로도 아니다. 숲이면서 산이고 사찰 마당이면서 사찰 바깥인 곳.

이 숲은 보석사 부처님이 길렀거나, 1,100년 묵은 은행나무 고승이 길렀을 것이다. 그러나 누구도 자신이 저들을 길렀다 주장하지 않는다. 다만 죽은 나무가 살아있는 나무를 동무삼고, 살아있는 나무가 죽은 나무를 형제 삼아 생과 사를 편 가르지 않아서 자연인지…. 여름엔 그늘이 있을 테고 시원한 소리가 있을 테지만 남들 다 옷 바꿔 입을 때 한 번도 흔들리지 않는 고집은 어떤가.

1월 중순, 아직은 한겨울이지만 한결 누그러진 기온 때문인지 땅이 폭신했다. 새 신발에 흙을 바르는 일이 즐거웠고 나무에 등을 기대는 일이 사람에게 등을 댈 때처럼 편안했다. 나무가 어깨동무하며 서 있는 저 만큼은 내 땅이고 내 하늘이고 내 나무였다. 그것을 내 것이라 믿

전나무 숲에서 보는 일주문의 조형미는 단아하고 아름답다.

한 그루의 나무가 되어 걸어가고 있는 여자,
저 길에서 나는 무엇을 생각했더라.

고 싶은 것은 잠시 취한 뒤 원래대로 두고 온다는 것을 전제한 것이었지만 아무래도 나는 상관이 없었다. 짧게 느낀 행복만으로도 충분했기 때문이다. 죽은 나무와 산 나무를 번갈아 가며 고개가 아프도록 쳐다보았다.

겨울 전나무가 좋은 이유는 독야청청만은 아니다. 푸름과 올곧음, 아무리 봐도 참 대단한 경전이다. 세상 어디에 저리 긴 시간을 살면서 저처럼 흔들리지 않는 존재가 있을까, 나는 그 사실이 마냥 믿음직스럽고 좋아서 선뜻 자리를 뜰 수 없었다.

■ **가는 길**
경부고속도로 → 비룡분기점 → 대전 통영간 고속도로 → 금산IC 진안 방향 10km → 보석사

■ **문의**
한국관광공사 : www.visitkorea.or.kr
금산군 : www.geumsan.go.kr

그 . 곳 . 에 . 가 . 면

》》》 보석사

대한불교조계종 제6교구 본사인 마곡사의 말사이다. 신라 헌강왕 12년(866년)에 조구대사가 창건한 역사 깊은 사찰이다. 교종의 대본산이며 한국불교 31본산의 하나로 지난 날 전라북도 불교의 이사중추기관이었고, 현재 충남 교구 산하로 되었다.

보석사는 앞산 중허리의 암석에서 금을 캐내어 불상을 주조하였다는 데서 이름 지어졌다. 사찰 주변으로 울창한 숲과 암석이 맑은 시냇물과 어우러져 있어서, 속세를 떠난 듯하다. 절 안에는 대웅전, 기허당, 의선각, 산신각 등의 건물과 부속암자가 있으며, 인근에는 절경 12폭포가 있다. 특히 높이 40m, 둘레가 10.4m나 되는 1,100년 수령을 자랑하는 은행나무(천연기념물 365호)가 있어 좋은 휴식처를 제공해 준다. 이 나무는 나라에 큰일이 있을 때마다 울음소리를 내는 영험을 지닌 것으로 유명하다.

조구대사는 보석사를 창건할 때 제자 5명과 더불어 불교의 육바라밀을 상징하는 뜻으로 은행나무 6그루를 심었다고 전해지는데 그 6그루의 은행나무가 오랜 세월을 두고 자라나면서 현재처럼 한 그루로 합쳐졌다고 한다. 그리고 보석사에서 가장 눈길을 끄는 것은 약 300m 정도의 아름드리 전나무 산책로를 들 수 있겠다.

》》》 주변 가볼 만한 곳

금산읍 인삼 · 약초시장, 인삼종합전시관 및 태고사(22km), 남이자연휴양림(20km), 육백고지 전승탑(21km), 백령성지(21km), 서대산(20.4km), 칠백의총(3.5km), 12폭포(12km)

김형, 시골의 밤은 빨리도 찾아오지요.

갈치구이와 바지락이 상에 오른 저녁을 김씨네 가족들과 먹고, 방문한 손님은 10시쯤 돌아가고 나는 10시 30분에 불을 끄고 자리에 들었습니다.

오늘은 이번 남쪽여행의 마지막 밤입니다. 감기 기운에다 낮에 배 멀미로 시달린 몸이 아직도 정상적으로 가라앉지 않아 컨디션이 최악입니다. 어떻게든 이번 남쪽여행도 해피엔딩을 하려고 했는데 쉽지 않게 되었습니다.

천식이 있는 나는 남해만 오면 늘 기침감기를 안고 지냅니다. 아시지요? 제 버릇 개 못 준다고 밤낮 바닷가로, 숲과 들판으로 쏘다니니 그 무지막지한 해풍을 어떻게 피해갈 수 있겠어요, 그냥 맞아야지요. 그러다 보니 감기가 내 몸에 상주하곤 합니다. 허나 따뜻한 온돌에 등을 펴고 두어 시간쯤 쉬고 나면 몸은 금세 회복의 기미를 보입니다. 참 신기하지요? 몸의 '센서' 말입니다. 그러나 이제는 몸이 내게 항의하는 소리를 들어야 할 때가 왔다는 걸 직감합니다.

긴장감이나 행복도 어떤 목표가 이루어질 찰나가 눈앞에 있을 그때가 바

로 정점이지 막상 도달하고 나면 기대보다 시들해지고 맥이 풀리고 맙니다. 때문에 그 다음 단계를 계획하고 준비하지 않는다면 우리의 삶은 조금씩 벌어지는 틈으로 인해 어느새 느슨해지지 않던가요?

그러고 보니 이 여행도 막바지군요. 이별은 누구와 하든 쓸쓸하기 마련이지만 막상 떠나려고 하면 살 속에 가시가 박힌 듯 아픕니다. 오늘 월포 안씨와 헤어지면서도 그랬습니다.

"선새임요, 도다리 회 좀 더 자시고 딱 하룻밤만 더 주무시고 내일 가이소, 예?"

이번에도 4일이나 묵었고 오늘 하룻밤만 더 자고 가라는 인사가 한두 번이 아닌데 그의 청을 뿌리치고 차에 시동을 거는 마음이 여전히 편치 않았습니다. 안씨와 헤어져 나는 창선 대벽리로 왔습니다. 지난 달 어떤 지면에 단항 이장님에 대한 이야기를 쓰면서 본의 아니게 실수를 했거든요. 죄를 저지른 범인은 반드시 현장에 나타난다는데, 나는 실수를 조금이라도 만회하려고 죄인의 심정으로 그들을 찾아왔는지도 모릅니다. 그런데 그들은 죄인을 문책하기는커녕 귀한 화석을 보여주며 푸짐한 밥상과 따뜻한 처소를 마련해 놓고 저를 반기는 게 아니겠습니까? 하여 내가 죄인이라는 걸 잊을 뻔했습니다.

오늘 마지막 숙소는 그러니까 단항 숲 속의 집입니다. 오는 길에 미조 무민사에 들렀습니다. 무민사 뜰에서 보는 미조항은 평화롭더군요. 지금 머무는 대벽리 앞에는 콩알만 한 섬 심도가 있고 뒤에는 삼박산이 있습니다. 15분 정도면 정상에 닿을 수 있다고 했는데 걸어보니 30분이었습니다. 그러니 제 걸음이 얼마나 느린지 짐작하시겠지요?

끝은 생각보다 좀 가파르더군요. 그 정도 가파름도 없이 정상을 허락하는 산이 어디 있던가요? 나는 그렇게 어설픈 두 다리와 뛰는 심장을 위로하고 있었습니다. 그런데 정상 못 미친 양편으로 크고 작은 돌탑이 길게 늘어서 있더군요. 저 돌을 쌓으며 그는 무엇을 소원했을까, 누군가 참 많은 기원을 드리고 있었구나, 하며 걷다 보니 곧 정상이었습니다. 대벽리 이장님께서 산으로 오르는 나를 보며 했던 한마디를 잊지 않았습니다.

"오르다 보면 나무에 종이 하나 매달려 있을 낀데예, 그게 정상이라예!"

나는 바위 끝에 올라 소나무에 목을 맨 무쇠 종을 "땅땅땅!" 세 번을 연거푸 쳤습니다. 맑고 청아한 소리가 내 혈관을 한 바퀴 휘돌더니 숲을 타고 아랫마을까지 아니 더 먼 바다까지 퍼져나가는 듯했지요. 그러나 고요하게 저녁을 기다리던 숲이 내가 친 종소리에 혼비백산하지는 않았을까 죄송하기도 하고 조금은 걱정스럽고 두렵기도 했습니다. 그것도 치고 난 다음의 느낌이었으니 변명할 여지조차 없었던 게지요. 하늘을 향해 날갯짓 하는 모양의 나무 솟대가 쌍으로 있는 걸 보고 나는, "외롭지는 않겠구나."하며 혼자 중얼거려 보았습니다. 물어보지 않아도 그것들은 아래에 사는 이장님 작품이겠지요.

역시 정상은 정상다웠습니다. 종을 치고 사방을 둘러보니 늘 지나다니는 남해의 명물 창선-삼천포대교, 늑도교, 단항교가 한 눈에 들어오더군요. "그랬구나, 여기가 포인트였구나!" 혼

남해 창선 단항, 삼박산 정상에서 내려다 본 노을이 짙은 바다.

새순이 돋아나는 나무들,
봄은 숲으로부터 온다.

자 감탄했습니다. 그런데 언제 앞섰는지 강아지 두 마리가 길을 막고 기다리더군요. 이장님이 새벽마다 그곳을 오른다 했는데 주인이 올라오는 줄 알고 충성심을 발휘해 앞장섰던 모양입니다. 집이 아닌 다른 곳에서 아는 누굴 만나는 것은 반가움도 그래서 갑절이 되는 거겠지요. 녀석들 얼마나 꼬리를 흔들며 반기던지 그들의 환영을 잊을 수가 없습니다.

늘 그렇지만 끝에는 묘지 하나가 조용히 기다리고 있었습니다. 나는 일몰을 정상에서 맞으리라는 계획을 세우고 등산을 시작했지만 일몰은 정상에 닿고도 20분쯤 기다린 후에 찾아왔습니다. 그렇지요, 어느 생이 계획대로 흘러가던가요? 외로운 묘지에 서서 소나무와 마른 갈대 사이로 지는 해를 바라보는 일은 여행의 마지막 날 저녁을 참 쓸쓸하게 했습니다. 잡초 무성한 묘지를 밟는 동안 마치 허락도 없이 남의 집에 뛰어들어 주인의 명상을 방해한 망나니 같다는 생각까지 들 정도였습니다.

산정 묘지 끝에서 조망하는 우리의 남쪽 땅은 왜 그리 아름다운지요. 그곳까지 달리는 동안 어디를 가나 야트막한 산과 들판, 골짜기마다 옹기종기 모여 사는 사람의 마을, 큰 강줄기와 작은 시냇물, 들판과 숲, 어느 방향으로 걷고 달려도 만나게 되는 바다, 잎 피고 열매 맺고 단풍들고 눈 내리는, 확연히 서로 다른 계절의 아름다움, 내 발과 눈으로 직접 더듬어 만나지 않고서는 이 세세한 자연을 즐길 수 없는 공평함까지 모두 아름다움으로 남을 수밖에 없는 것은, 죽어서도 묻히고 예찬해야 할 내 나라, 우리 조국의 산하라는 의미가 아닐까요?

내 발소리에 놀라며 서둘러 하산준비를 했습니다. 아직 해는 산마루를 꼴깍 넘어가지는 않았는데 문득 홀로 숲에서 맞는 어둠이 두려워 서두르지 않을 수 없었습니다.

몇 년 전 히말라야 안나푸르나 350km를 두 발로 걸었던 적이 있었습니다. 그때 끊임없이 내게 던졌던 질문은 '무엇이 나를 걷게 하는가?' 였습니다. 돌아보면 인생에서, '무엇이?' 혹은 '왜?' 는 없었습니다. 퇴행하지 않으려면 전진하는 것뿐이지요. 여행을 위해 집을 떠나는 일도, 떠나서 걷는 일도 마찬가지겠지요. 끝까지 고통이 무화되도록 이겨내야 할 마지막 적수가 있다면 그건 바로 자기 자신일 것입니다. 걷는 일이 새삼 달콤한 유혹으로 다가올 때가 있는데 이 봄의 걷기가 그렇습니다.

길은 언제나 고해성사를 하게 합니다. 자연은 보는 그대로여서 누구라도 그 앞에 서면 정직하지 않을 수 없습니다. 자유를 갈망하는 자는 고

비 내리는 밤에 보는 만개한 벚꽃은 얼마나 황홀한지.

여행을 가진다는 것,
즉 물리적 소유를 의미 없게 만듭니다.
나는 아픔과 평화가 적당히 섞인 영혼을
사랑하는 사람인가 봅니다.
나는 이 밤 자리에서 일어나
여행이 내게 가르쳐 준 기원을 잊지 않으려고
주문을 외우다 몇 자 씁니다.

독과 쓸쓸함도 누려야 마땅하지요. 여행 중 곤혹스러울 때가 있다면, 잘 달리다가도 차를 버리고 걸어가고 싶은 유혹을 참아내는 일이지요. 차보다는 걷는 여행이 좁은 땅에 대한 예의이며 아름다운 국토사랑의 실천일 텐데 그럴 수 없으니 안타까울 뿐이지요.

내 여행 노트 첫 장의 메모는 이렇습니다. '길 잃기를 두려워 말자, 길 잃어보지 않은 사람이 어떻게 자신만의 길을 만날 수 있을 것인가!'고 말입니다. 잘못 든 길이 바른 길이 될 가능성은 얼마든지 있으니까요. 또한 매일 자신의 안락한 침대만을 고집하는 사람에게 여행은 단순히 싸구려 허접한 고행에 지나지 않을 것이니, 그런 사람은 당연 걷는 자가 누리는 하늘의 특별한 축복을 알 리가 없지요. 그러니 나 무엇을 바라 홀로 예까지 흘러왔는지는 묻지 않기로 합니다. 다만 여행을 통해 바라는 바가 있다면 나무는 보고 숲을 보지 못하는 누를 범하지 않았으면 하는 것뿐입니다.

눈을 떠보니 새벽 2시입니다.

마지막 밤이 아까워 무거운 머리를 깨우려 불을 밝히고 거실에 나가 창문을 열었습니다. 바다를 건너오는 섬의 가로등 불빛이 살아있는 자가 보내는 암호문 같습니다. 바로 아래 차도가 있지만 한 시간이 넘도록 차 소리를 듣지 못했습니다. 완전한 고독이 있다면 지금 이 순간일지도 모릅니다. 사방은 고요하다 못해 모든 것이 정지한 듯 합니다. 침묵보다 더한 함묵이지요. 지금쯤 사람들은 모두 곤히 자신 안으로 깊이 몸을 웅크려 잠들어 있겠지요. 만약 이 시골에 아직 불을 끄지 못하는 사람이 있다면 그는 존재의 내면을 들여다보는 사람일 것입니다. 그러나 아이러니가 아닐 수 없습니다. 내가 원하는 것들은 모두 이곳에 있을 줄 알았는데 정작 와보니 아닙니다. 그리워했던 것들은 모두 세상 밖에 있는 것 같습니다. 약 기운인지 이제 두통은 사라졌습니다. 그래서 여기까지 가지고 온 노트북을 열지 않을 수 없었습니다.

지금 문득 스친 생각의 파편들입니다. 고요하지 않은 것은 모두 엉켜있다는 생각, 불완전하다는 생각, 미완이라는 생각, 떠돎이라는 생각, 근본이 아니라는 생각, 바람직하지 못한 진행이며 우주를 들고 있는 것이나 다를 바 없는 고통이라는 생각, 고요해져서 비로소 내가 잘 보이고 만져지는 지금 이 순간이 그저 고맙고 감사할 따름입니다.

여행은 가진다는 것, 즉 물리적 소유를 의미 없게 만듭니다. 그리고 존재 자체를 고독을 넘어서 평화롭고 안락하게 합니다. 나는 아픔과 평화가 적당히 섞인 영혼을 사랑하는 사람인가 봅니다. 나는 이 밤 자리에서 일어나 여행이 내게 가르쳐 준 기원을 잊지 않으려고 주문을 외우다 몇 자 씁니다.

한 가지 재미난 것은 마음에 그리움이 묻어있을 땐 어떤 글을 써도 연애편지가 된다는 사실입니다. 그러나 이제 나는 모든 봄과 사랑이 혁명처럼 오지 않는다는 뻔한 사실을 너무나 잘 알고 있습니다. 아직 자리에 눕지 못하는 그대가 있다면 이 편지는 그의 마음 안에 보내질 것입니다.

3시가 조금 넘었습니다. 안녕히 주무시라는 인사는 접어두겠습니다. 깨어있는 시간이 부디 행복이기를 빕니다.

남해 단항 숲 속에서

가림출판사 · 가림M&B · 가림Let's에서 나온 책들

바늘구멍
켄 폴리트 지음 / 홍영의 옮김 / 신국판 / 342쪽 / 5,300원

레베카의 열쇠
켄 폴리트 지음 / 손연숙 옮김 / 신국판 / 492쪽 / 6,800원

암병선
니시무라 쥬코 지음 / 홍영의 옮김 / 신국판 / 300쪽 / 4,800원

첫키스한 얘기 말해도 될까
김정미 외 7명 지음 / 신국판 / 228쪽 / 4,000원

사미인곡 上·中·下
김충호 지음 / 신국판 / 각 권 5,000원

이내의 끝자리
박수완 스님 지음 / 국판변형 / 132쪽 / 3,000원

너는 왜 나에게 다가서야 했는지
김충호 지음 / 국판변형 / 124쪽 / 3,000원

세계의 명언
편집부 엮음 / 신국판 / 322쪽 / 5,000원

여자가 알아야 할 101가지 지혜
제인 아서 엮음 / 지창국 옮김 / 4×6판 / 132쪽 / 5,000원

현명한 사람이 읽는 지혜로운 이야기
이정민 엮음 / 신국판 / 236쪽 / 6,500원

성공적인 표정이 당신을 바꾼다
마츠오 도오루 지음 / 홍영의 옮김 / 신국판 / 240쪽 / 7,500원

태양의 법
오오카와 류우호오 지음 / 민병수 옮김 / 신국판 / 246쪽 / 8,500원

영원의 법
오오카와 류우호오 지음 / 민병수 옮김 / 신국판 / 240쪽 / 8,000원

석가의 본심
오오카와 류우호오 지음 / 민병수 옮김 / 신국판 / 246쪽 / 10,000원

옛 사람들의 재치와 웃음
강형중 · 김경익 편저 / 신국판 / 316쪽 / 8,000원

지혜의 쉼터
쇼펜하우어 지음 / 김충호 엮음 / 4×6판 양장본 / 160쪽 / 4,300원

헤세가 너에게
헤르만 헤세 지음 / 홍영의 엮음 / 4×6판 양장본 / 144쪽 / 4,500원

사랑보다 소중한 삶의 의미
크리슈나무르티 지음 / 최윤영 엮음 / 신국판 / 180쪽 / 4,000원

장자-어찌하여 알 속에 털이 있다 하는가
홍영의 엮음 / 4×6판 / 180쪽 / 4,000원

논어-배우고 때로 익히면 즐겁지 아니한가
신도희 엮음 / 4×6판 / 180쪽 / 4,000원

맹자-가까이 있는데 어찌 먼 데서 구하려 하는가
홍영의 엮음 / 4×6판 / 180쪽 / 4,000원

아름다운 세상을 만드는 사랑의 메시지 365
DuMont monte Verlag 엮음 / 정성호 옮김 /
4×6판 변형 양장본 / 240쪽 / 8,000원

황금의 법
오오카와 류우호오 지음 / 민병수 옮김 / 신국판 / 320쪽 / 12,000원

왜 여자는 바람을 피우는가?

기젤라 룬테 지음 / 김현성 · 진정미 옮김 / 국판 / 200쪽 / 7,000원

세상에서 가장 아름다운 선물 김인자 지음 / 국판변형 / 292쪽 / 9,000원

수능에 꼭 나오는 한국 단편 33 윤종필 엮음 / 신국판 / 704쪽 / 11,000원

수능에 꼭 나오는 한국 현대 단편 소설 윤종필 엮음 및 해설
신국판 / 364쪽 / 11,000원

수능에 꼭 나오는 세계단편(영미권) 지창영 옮김 / 윤종필 엮음 및 해설
신국판 / 328쪽 / 10,000원

수능에 꼭 나오는 세계단편(유럽권) 지창영 옮김 / 윤종필 엮음 및 해설
신국판 / 360쪽 / 11,000원

아름다운 피부미용법 이순희(한독피부미용학원 원장) 지음
피부조직에 대한 기초 이론과 우리 몸의 생리를 알려줌으로써 아름다운 피
부, 젊은 피부를 오래 유지할 수 있는 비결 제시! 신국판 / 296쪽 / 6,000원

버섯건강요법 김병각 외 6명 지음
종양 억제율 100%에 가까운 96.7%를 나타내는 기적의 약용버섯 등 신비의
버섯을 통하여 암을 치료하고 비만, 당뇨, 고혈압, 동맥경화 등 각종 성인병
예방을 위한 생활 건강 지침서! 신국판 / 286쪽 / 8,000원

성인병과 암을 정복하는 유기게르마늄 이상현 편저 / 캬오 샤오이 감수
최근 들어 각광을 받고 있는 새로운 치료제인 유기게르마늄을 통한 성인병,
각종 암의 치료에 대해 상세히 소개. 신국판 / 312쪽 / 9,000원

난치성 피부병 생약효소연구원 지음
현대의학으로도 치유불가능했던 난치성 피부병인 건선 · 아토피(태열)의 완
치요법이 수록된 건강 지침서. 신국판 / 232쪽 / 7,500원

新 방약합편 정도명 편역
자신의 병을 알고 증세에 맞춰 스스로 처방을 할 수 있고 조제할 수 있는 보
약 506가지 수록. 신국판 / 416쪽 / 15,000원

자연치료의학 오홍근(신경정신과 의학박사 · 자연의학박사) 지음
대한민국 최초의 자연의학박사가 밝힌 신비의 자연치료의학으로 자연산물을
이용하여 부작용 없이 치료하는 건강 생활 비법 공개!!
신국판 / 472쪽 / 15,000원

약초의 활용과 가정한방 이인성 지음
주변의 흔한 식물과 약초를 활용하여 각종 질병을 간편하게 예방 · 치료할
수 있는 비법제시. 신국판 / 384쪽 / 8,500원

역전의학 이시하라 유미 지음 / 유태종 감수
일반상식으로 알고 있는 건강상식에 대해 전혀 새로운 관점에서 비판하고
아울러 새로운 방법들을 제시한 건강 혁명 서적!! 신국판 / 286쪽 / 8,500원

이순희식 순수피부미용법 이순희(한독피부미용학원 원장) 지음
자신의 피부에 맞는 관리법으로 스스로 피부관리를 할 수 있는 방법을 제시
하고 책 속 부록으로 천연팩 재료 사전과 피부 타입별 팩 고르기.
신국판 / 304쪽 / 7,000원

21세기 당뇨병 예방과 치료법 이현철(연세대 의대 내과 교수) 지음
세계 최초 유전자 치료법을 개발한 저자가 당뇨병과 대항하여 가장 확실하
게 이길 수 있는 당뇨병에 대한 올바른 이론과 발병시 대처 방법을 상세히
수록! 신국판 / 360쪽 / 9,500원

신재용의 민의학 동의보감 신재용(해성한의원 원장) 지음
주변의 흔한 먹거리를 이용해 신비의 명약이나 보약으로 활용할 수 있는 건
강 지침서로서 저자가 TV나 라디오에서 다 밝히지 못한 한방 및 민간요법
까지 상세히 수록!! 신국판 / 476쪽 / 10,000원

치매 알면 치매 이긴다 배오성(백상한방병원 원장) 지음

B.O.S.요법으로 뇌세포의 기능을 활성화시키고 엔돌핀의 분비효과를 극대화시켜 증상에 맞는 한약 처방을 병행하여 치매를 치유하는 획기적인 치유법 제시. 신국판 / 312쪽 / 10,000원

21세기 건강혁명 밥상 위의 보약 생식 최경순 지음
항암식품으로, 다이어트식으로, 젊고 탄력적인 피부를 유지할 수 있게 해주는 자연식으로의 생식을 소개하여 현대인들의 건강 길라잡이가 되도록 하였다. 신국판 / 348쪽 / 9,800원

기치유와 기공수련 윤한홍(기치유 연구회 회장) 지음
누구나 노력만 하면 개발할 수 있고 활용할 수 있는 기수련 방법과 기치유 개발 방법 소개. 신국판 / 340쪽 / 12,000원

만병의 근원 스트레스 원인과 퇴치 김지혁(김지혁한의원 원장) 지음
만병의 근원인 스트레스를 속속들이 파헤치고 예방법까지 속시원하게 제시!! 신국판 / 324쪽 / 9,500원

김종성 박사의 뇌졸중 119 김종성 지음
우리나라 사망원인 1위. 뇌졸중 분야의 최고 권위자인 저자가 일상생활에서의 건강관리부터 환자간호에 이르기까지 뇌졸중의 예방, 치료법 등 모든 것 수록. 신국판 / 356쪽 / 12,000원

탈모 예방과 모발 클리닉 장정훈 · 전재홍 지음
미용적인 측면과 우리가 일상적으로 고민하고 궁금해 하는 털에 관한 내용들을 다양하고 재미있게 예들을 들어가면서 흥미롭게 풀어간 것이 이 책의 특징. 신국판 / 252쪽 / 8,000원

구태규의 100% 성공 다이어트 구태규 지음
하이틴 영화배우의 다이어트 체험서. 저자만의 다이어트법을 제시하면서 바람직한 다이어트에 대해서도 알려준다. 건강하게 날씬해지고 싶은 사람들을 위한 필독서! 4×6배판 변형 / 240쪽 / 9,900원

암 예방과 치료법 이춘기 지음
암환자와 가족들을 위해서 암의 치료방법에서부터 합병증의 예방 및 암이 생기기 전에 알 수 있는 방법에 이르기까지 상세하게 해설해 놓은 책.
신국판 / 296쪽 / 11,000원

알기 쉬운 위장병 예방과 치료법 민영일 지음
소화기관인 위와 관련 기관들의 여러 질환을 발병 원인, 증상, 치료법을 중심으로 알기 쉽게 해설해 놓은 건강서. 신국판 / 328쪽 / 9,900원

이온 체내혁명 노보루 야마노이 지음 / 김병관 옮김
새로운 건강관리 이론으로 주목을 받고 있는 음이온을 통해 건강을 돌볼 수 있는 방법 제시. 신국판 / 272쪽 / 9,500원

어혈과 사혈요법 정지천 지음
침과 부항요법 등을 사용하여 모든 질병을 다스릴 수 방법과 우리 주변에서 흔하게 접할 수 있는 각 질병의 상황별 처치를 혈자리 그림과 함께 해설.
신국판 / 308쪽 / 12,000원

약손 경락마사지로 건강미인 만들기 고정환 지음
경락과 민족 고유의 정신 약손을 결합시킨 약손 성형경락 마사지로 수술하지 않고도 자신이 원하는 부위를 고치는 방법을 제시하는 건강 미용서.
4×6배판 변형 / 284쪽 / 15,000원

정유정의 LOVE DIET 정유정 지음
널리 알려진 온갖 다이어트 방법으로 살을 빼려고 노력했던 저자의 고통스러웠던 다이어트 체험담이 실려 있어 지금 살 때문에 고민하는 사람들이 가슴에 와 닿는 나만의 다이어트 계획을 나름대로 세울 수 있을 것이다.
4×6배판 변형 / 196쪽 / 10,500원

머리에서 발끝까지 예뻐지는 부분다이어트 신상만 · 김선민 지음
한약을 먹거나 침을 맞아 살을 빼는 방법, 아로마요법을 이용한 다이어트법, 운동을 이용한 부분비만 해소법 등이 실려 있으므로 나에게 맞는 방법을 선택해 날씬하고 예쁜 몸매를 만들 수 있을 것이다.
4×6배판 변형 / 196쪽 / 11,000원

알기 쉬운 심장병 119 박승정 지음
심장병에 관해 심장질환이 생기는 원인, 증상, 치료법을 중심으로 내용을 상세하게 해설해 놓은 건강서. 신국판 / 248쪽 / 9,000원

알기 쉬운 고혈압 119 이정균 지음
생활 속의 고혈압에 관해 일반인들이 관심을 가지고 예방할 수 있도록 고혈압의 원인, 증상, 합병증 등을 상세하게 해설해 놓은 건강서.
신국판 / 304쪽 / 10,000원

여성을 위한 부인과질환의 예방과 치료 차선희 지음
남들에게는 말할 수 없는 증상들로 고민하고 있는 여성들을 위해 부인암, 골다공증, 빈혈 등 부인과질환을 원인 및 치료방법을 중심으로 설명한 여성 건강 정보서. 신국판 / 304쪽 / 10,000원

알기 쉬운 아토피 119 이승규 · 임승엽 · 김문호 · 안유일 지음
감기처럼 흔하지만 암만큼 무서운 아토피 피부염의 원인에서부터 증상, 치료방법, 임상사례, 민간요법을 적용한 환자들의 경험담 등 수록.
신국판 / 232쪽 / 9,500원

120세에 도전한다 이권행 지음
아프지 않고 건강하게 오래 살기를 바라는 현대인들에게 우리 체질에 맞는 식생활습관, 심신 활동, 생활습관, 체질별 · 나이별 양생법을 소개. 장수하고픈 독자들의 궁금증을 풀어줄 것이다. 신국판 / 308쪽 / 11,000원

건강과 아름다움을 만드는 요가 정판식 지음
책을 보고서 집에서 혼자서도 할 수 있는 요가법 수록. 각종 질병에 따른 요가 수정체조법도 담았으며, 별책 부록으로 한눈에 보는 요가 차트 수록.
4×6배판 변형 / 224쪽 / 14,000원

우리 아이 건강하고 아름다운 롱다리 만들기 김성훈 지음
키 작은 우리 아이를 롱다리로 만드는 비법공개. 식사습관과 생활습관만의 변화로도 키를 크게 할 수 있으므로 키 작은 자녀를 둔 부모의 고민을 해결해 준다. 대국전판 / 236쪽 / 10,500원

알기 쉬운 허리디스크 예방과 치료 이종서 지음
전문가들의 의견, 허리병의 치료에서 가장 중요한 운동치료, 허리디스크와 요통에 관해 언론에서 잘못 소개한 기사나 과장 보도한 기사, 대상이 광범위함으로써 생기고 있는 사이비 의술 및 상업적인 의술을 시행하는 상업적인 병원 등을 소개함으로써 허리병을 앓고 있는 사람들에게 정확하고 올바른 지식을 전달하고자 하는 길라잡이서. 대국전판 / 336쪽 / 12,000원

소아과 전문의에게 듣는 알기 쉬운 소아과 119 신영규 · 이강우 · 최성항 지음
새내기 엄마, 아빠를 위해 올바른 육아법을 제시하고 각종 질병에 대한 치료법 및 예방법, 응급처치법을 소개. 4×6배판 변형 / 280쪽 / 14,000원

피가 맑아야 건강하게 오래 살 수 있다 김영찬 지음
현대인이 앓고 있는 고혈압, 당뇨병, 심장병 등은 피가 끈적거리고 혈관이 너덜거려서 생기는 질병이다. 이러한 성인병을 치료하려면 식이요법, 생활습관 개선 등을 통해 피를 맑게 해야 한다. 이 책에서는 피를 맑게 하기 위해 필요한 처방, 생활습관 개선법을 한의학적 관점에서 상세하게 설명하고 있다. 신국판 / 256쪽 / 10,000원

웰빙형 피부 미인을 만드는 나만의 셀프 피부건강 양해원 지음
모든 사람들이 관심 있어 하는 피부 관리를 집에서 할 수 있게 해주는 실용서. 집에서 간단하게 만들 수 있는 화장수, 팩 등을 소개하여 손 안의 미용서 역할을 하고 있다. 대국전판 / 144쪽 / 10,000원

내 몸을 살리는 생활 속의 웰빙 항암 식품 이승남 지음
'암=사형 선고' 라는 고정관념을 깨자는 전제 아래 우리 밥상에서 흔히 볼 수 있는 먹거리로 암을 예방하며 치료하는 방법 소개. 암환자와 그 가족들에게 희망을 안겨 줄 것이다. 대국전판 / 248쪽 / 9,800원

마음한글, 느낌한글 박완식 지음
훈민정음의 창제원리를 이용한 한글명상, 한글요가, 한글체조로 지금까지의 요가나 명상과는 차원이 다른 더욱 더 효과적인 수련으로 이제 당신 앞에 새로운 세계가 펼쳐진다. 4×6배판 / 300쪽 / 15,000원

웰빙 동의보감식 발마사지 10분 최미희 지음 / 신재용 감수
발이 병나면 몸에도 병이 생긴다. 우리 몸 중에서 가장 천대받으면서도 가장 많은 일을 하는 발을 새롭게 인식하는 추세에 맞추어 발을 가꾸어 건강을 지키는 방법 제시. 각 질병별 발마사지 방법, 부위를 구체적으로 설명하고 있다. 텔레비전을 보면서 하는 15분의 발마사지가 피로를 풀어주고 건강을 지켜줄 것이다. 4×6배판 변형 / 204쪽 / 13,000원

아름다운 몸, 건강한 몸을 위한 목욕 건강 30분 임하성 지음
우리가 흔히 대수롭지 않게 여기고 하는 습관 중에 하나가 목욕일 것이다. 그러나 이제 목욕도 건강과 관련시켜 올바른 방법으로 해야 한다. 웰빙 시대, 웰빙 라이프에 맞는 올바른 목욕법을 피부 관리 및 우리들의 생활 패턴에 맞추어 제시해 본다. 대국전판 / 176쪽 / 9,500원

내가 만드는 한방생주스 60 김영섭 지음
일반적인 과일 · 야채 주스에 21가지 한약재로 기본 음료를 만들어 맛과 영

양을 고루 갖춘 최초의 웰빙 한방 건강음료 만드는 법 60가지 수록!! 각 음료마다 만드는 법과 효능을 실어 우리 가족 건강을 지키는 건강지침서의 역할을 한다.   국판 / 112쪽 / 7,000원

몸을 살리는 건강식품   백은희 · 조창호 · 최양진 지음
스트레스에 시달리는 현대인들에게 자연 영양소를 공급해 주는 건강기능식품에 관한 상세한 정보를 담고 있다. 나에게 필요한 영양소는 어떤 것이 있으며, 어떻게 섭취했을 때 가장 큰 효과를 얻을 수 있는지 등을 조목조목 설명해 놓은 것이 눈에 띈다.   신국판 / 384쪽 / 11,000원

건강도 키우고 성적도 올리는 자녀 건강   김진돈 지음
자녀를 둔 부모라면 가장 먼저 생각하는 것이 자녀의 건강일 것이다. 특히 수험생을 둔 부모라면 그 관심은 말로 단정지을 수 없다. 수험생 자신이나 부모가 알아야 한 평소 건강 관리법, 제일 이겨내기 힘든 계절인 여름철 건강 관리법, 조심해야 할 질병들에 대한 예방법, 치료법을 상세하게 소개하고 있다.   신국판 / 304쪽 / 12,000원

알기 쉬운 간질환 119   이관식 지음
간염이 있는 사람이 술잔을 돌릴 경우 간염이 전염될까? 우리는 간이 소중한 존재임을 알면서도 혹사시키는 일이 많다. 간염 전염 및 간경화, 간암 등에 대한 잘못된 지식을 제대로 잡아주고 간과 관련된 병을 예방하는 법, 병에 걸렸을 때 치료하고 관리하는 법 등을 상세히 수록하여 간을 건강하게 지킬 수 있도록 해준다.   신국판 / 264쪽 / 11,000원

밥으로 병을 고친다   허봉수 지음
우리가 하루 세 끼 식사에서 대하는 밥상이 우리의 건강을 지켜주는 최고의 건강지킴이다. 이 간단명료한 진리를 알면서도 우리는 다른 방법으로 건강을 지키려고 한다. 건강을 지키는 일은 어렵고 특별한 일이 아니라 보통의 밥상에서 지킬 수 있는 일임을 강조하고 거기에 맞는 실제 사례를 제시하여 비슷한 사례에서 응용할 수 있게 내용을 구성하고 있다.
대국전판 / 352쪽 / 13,500원

알기 쉬운 신장병 119   김형규 지음
신장병은 특별한 증상이 없어 조기진단이 힘들다고 한다. 그러나 진단과 치료의 혜택으로 완치를 할 수 있는 병이라고도 한다. 일상생활 속에서 신장병을 파악할 수 있는 자가진단법, 신장병을 검사하고 치료하는 방법, 신장병과 관련 있는 질병들을 일반인들이 이해하기 수준에서 설명하고 있다. 또한 신장병과 관련 있는 생활 속의 정보를 부록으로 수록하여 내용의 깊이를 더해 주고 있다.   신국판 / 240쪽 / 10,000원

마음의 감기 치료법 우울증 119   이민수 지음
우울증에는 예외의 대상이 없다. 현대인이라면 누구나 우울증에 걸릴 수 있다는 전제 아래 일반인들이 쉽게 이해할 수 있는 우울증을 담고 있다. 남에게, 가족에게 숨겨야 하는 몹쓸 병이 아니라 바르고 정확하게 알아야 건강한 삶을 누릴 수 있는 병임을 알리면서 우울증을 치료하는 법, 환자 본인과 가족 및 주위에서 가져야 할 자세 등을 알려준다.   대국전판 / 232쪽 / 9,800원

관절염 119   송영욱 지음
"비가 오려나? 왜 이리 무릎이 쑤시나." 이렇게 표현되는 관절염에는 일반인들이 잘 알지 못하는 다른 종류의 관절염도 있다. 이러한 관절염을 일반인들의 입장에서 쉽게 이해하고 예방하고 치료할 수 있는 방법을 소개하고 있다. 생활 속에서의 습관을 고치고 운동을 통해서 허리나 다리가 아픈 통증에서 벗어날 수 있다.   대국전판 / 224쪽 / 9,800원

내 딸을 위한 미성년 클리닉   강병문 · 이향아 · 최정원 지음
서울 아산병원 미성년 클리닉팀의 새로운 제안!! 청소년기의 건강상태는 평생을 좌우한다. 이 시기를 어떻게 보내느냐에 따라 60년 인생이 완전히 달라질 수 있다. 특히 여자라면 꼭 알아야할 건강 이야기로 자라나는 우리 딸들이 자신의 몸을 소중히 하는 데 도움이 될 것이다.   국판 / 148쪽 / 8,000원

암을 다스리는 기적의 치유법
케이 세이헤이 감수 / 카와키 나리카즈 지음 / 민병수 옮김
저분자 수용성 키토산의 파워!! 항암제나 방사선 치료의 부작용을 경감시키고 그 효과를 오래 지속시켜주는 효과를 비롯한 키토산의 6대 항암 효과를 통하여 암에 탁월한 효과가 있는 수용성 키토산의 전신 면역 요법에 대하여 알 수 있을 것이다. 더불어 자연치유력에 대한 강한 믿음을 갖게 된다.
신국판 / 256쪽 / 9,000원

스트레스 다스리기   대한불안장애학회 스트레스관리연구특별위원회 지음
스트레스 분야의 21명의 전문가가 쓴 스트레스 해소법. 암보다 무서운 병. 스트레스를 줄이면 10년은 젊게 살 수 있다.   신국판 / 304쪽 / 12,000원

천연 식초건강법   건강식품연구회 엮음 / 신재용(해성한의원 원장) 감수
가장 쉽게 구할 수 있고 경제적인 식품이면서 상상할 수 없을 정도로 뛰어난 약효를 지닌 식초의 모든 것을 담은 건강지침서!   신국판 / 252쪽 / 9,000원

암에 대한 모든 것   서울아산병원 암센터 지음
이 책은 우리나라에서 특히 발병률이 높은 7가지 암에 대해 철저히 분석한 책이다. 해당 암의 원인부터 발병률, 원인 및 진단법, 치료법, 예방법 및 관리법, 해당 암에 대해 잘못 알려진 상식 등 암에 대한 보다 실질적이고 구체적인 정보를 담았다. 암에 대한 정보를 필요로 이들이 보다 효율적으로 이용할 수 있는 책이다.   신국판 / 360쪽 / 13,000원

교 육

우리 교육의 창조적 백색혁명
원상기 지음 / 신국판 / 206쪽 / 6,000원

현대생활과 체육
조창남 외 5명 공저 / 신국판 / 340쪽 / 10,000원

퍼펙트 MBA
IAE유학네트 지음 / 신국판 / 400쪽 / 12,000원

유학길라잡이 Ⅰ - 미국편
IAE유학네트 지음 / 4×6배판 / 372쪽 / 13,900원

유학길라잡이 Ⅱ - 4개국편
IAE유학네트 지음 / 4×6배판 / 348쪽 / 13,900원

조기유학길라잡이.com
IAE유학네트 지음 / 4×6배판 / 428쪽 / 15,000원

현대인의 건강생활
박상호 외 5명 공저 / 4×6배판 / 268쪽 / 15,000원

천재아이로 키우는 두뇌훈련
나카마츠 요시로 지음 / 민병수 옮김 / 국판 / 288쪽 / 9,500원

두뇌혁명   나카마츠 요시로 지음 / 민병수 옮김
4×6판 양장본 / 288쪽 / 12,000원

테마별 고사성어로 익히는 한자
김경익 지음 / 4×6배판 변형 / 248쪽 / 9,800원

生생 공부비법
이은승 지음 / 대국전판 / 272쪽 / 9,500원

자녀를 성공시키는 습관만들기
배은경 지음 / 대국전판 / 232쪽 / 9,500원

한자능력검정시험 1급   한자능력검정시험연구위원회 편저
4×6배판 / 568쪽 / 21,000원

한자능력검정시험 2급   한자능력검정시험연구위원회 편저
4×6배판 / 472쪽 / 18,000원

한자능력검정시험 3급(3급Ⅱ)   한자능력검정시험연구위원회 편저
4×6배판 / 440쪽 / 17,000원

한자능력검정시험 4급(4급Ⅱ)   한자능력검정시험연구위원회 편저
4×6배판 / 352쪽 / 15,000원

한자능력검정시험 5급   한자능력검정시험연구위원회 편저
4×6배판 / 264쪽 / 11,000원

한자능력검정시험 6급   한자능력검정시험연구위원회 편저
4×6배판 / 168쪽 / 8,500원

한자능력검정시험 7급   한자능력검정시험연구위원회 편저
4×6배판 / 152쪽 / 7,000원

한자능력검정시험 8급   한자능력검정시험연구위원회 편저
4×6배판 / 112쪽 / 6,000원

볼링의 이론과 실기   이태상 지음 / 신국판 / 192쪽 / 9,000원

고사성어로 끝내는 천자문   조준상 글/그림 / 4×6배판 / 216쪽 / 12,000원

논술 종합 비타민   김종원 지음 / 신국판 / 200쪽 / 9,000원

취미·실용

김진국과 같이 배우는 와인의 세계 김진국 지음
국배판 변형양장본(올 컬러판) / 208쪽 / 30,000원

경제·경영

CEO가 될 수 있는 성공법칙 101가지
김승룡 편역 / 신국판 / 320쪽 / 9,500원

정보소프트 김승룡 지음 / 신국판 / 324쪽 / 6,000원

기획대사전 다카하시 겐코 지음 / 홍영의 옮김
기획에 관련된 모든 사항을 실례와 도표를 통하여 초보자에서 프로기획맨에 이르기까지 효율적으로 활용할 수 있도록 체계적으로 총망라하였다.
신국판 / 552쪽 / 19,500원

맨손창업·맞춤창업 BEST 74 양혜숙 지음
창업대행 현장 전문가가 추천하는 유망업종을 7가지 주제별로 나누어 수록한 맞춤창업서로 창업예비자들에게 창업의 길을 밝혀줄 발로 뛰면서 만든 실무 지침서!! 신국판 / 416쪽 / 12,000원

무자본, 무점포 창업! FAX 한 대면 성공한다
다카시로 고시 지음 / 홍영의 옮김 / 신국판 / 226쪽 / 7,500원

성공하는 기업의 인간경영 중소기업 노무 연구회 편저 / 홍영의 옮김
무한경쟁시대에서 각 기업들의 다양한 경영 실태 속에서 인사·노무 관리 개선에 있어서 기업의 효율을 높이고 발전을 이룰 수 있는 원칙을 제시.
신국판 / 368쪽 / 11,000원

21세기 IT가 세계를 지배한다 김광희 지음
21세기 화두로 떠오른 IT혁명의 경쟁력에 대해서 전문가의 논리적이고 철저한 해설과 더불어 매장 끝까지 실제 사례를 곁들여 설명.
신국판 / 380쪽 / 12,000원

경제기사로 부자아빠 만들기 김기태·신현태·박근수 공저
날마다 배달되는 경제기사를 꼼꼼히 챙겨보는 사람만이 현대생활에서 부자가 될 수 있다. 언론인의 현장감각과 학자의 전문성을 접목시킨 것이 이 책의 특성! 누구나 이 책을 읽고 경제원리를 체득, 경제예측을 할 수 있게 준비된 생활경제서적. 신국판 / 388쪽 / 12,000원

포스트 PC의 주역 정보가전과 무선인터넷 김광희 지음
포스트 PC의 주역으로 급부상하고 있는 정보가전과 무선인터넷 그리고 이를 구현하기 위한 관련 테크놀러지를 체계적으로 소개. 신국판 / 356쪽 / 12,000원

성공하는 사람들의 마케팅 바이블 채수명 지음
최근의 이론을 보완하여 내놓은 마케팅 관련 실무서. 마케팅의 정보전략, 핵심요소, 컨설팅실무까지 저자의 노하우와 창의적인 이론이 결합된 마케팅서. 신국판 / 328쪽 / 12,000원

느린 비즈니스로 돌아가라 사카모토 게이이치 지음 / 정성호 옮김
미국식 스피드 경영에 익숙해져 현실의 오류를 간과하고 있는 사람들을 위한 어떻게 팔 것인가보다 무엇을 팔 것인가를 설명하는 마케팅 컨설턴트의 대안 제시서! 신국판 / 276쪽 / 9,000원

적은 돈으로 큰돈 벌 수 있는 부동산 재테크 이원재 지음
700만 원으로 부동산 재테크에 뛰어들어 100배 불린 저자가 부동산 재테크를 계획하고 있는 사람들이 반드시 알아두어야 할 내용을 경험담을 담아 해설해 놓은 경제서. 신국판 / 340쪽 / 12,000원

바이오혁명 이주영 지음
21세기 국가간 경쟁부문으로 새로이 떠오르고 있는 바이오혁명에 관한 기초지식을 언론사에 몸담고 있는 현직 기자가 아주 쉽게 해설해 놓은 바이오 가이드서. 바이오 관련 용어 해설 수록. 신국판 / 328쪽 / 12,000원

성공하는 사람들의 자기혁신 경영기술 채수명 지음
자기 계발을 통한 신지식 자기경영마인드를 갖추어야 한다는 전제 아래 그 방법을 자세하게 알려주는 자기계발 지침서. 신국판 / 344쪽 / 12,000원

CFO 교텐 토요오·타하라 오키시 지음 / 민병수 옮김
일반인들에게 생소한 용어인 CFO, 즉 최고 재무책임자의 역할이 지금까지 와는 완전히 달라져야 한다. 기업을 이끌어가는 새로운 키잡이로서의 CFO의 역할, 위상 등을 일본의 기업을 중심으로 하여 알아보고 바람직한 방향을 제시한다. 신국판 / 312쪽 / 12,000원

네트워크시대 네트워크마케팅 임동학 지음
학력, 사회적 지위 등에 관계 없이 자신이 노력한 만큼 돈을 벌 수 있는 네트워크마케팅에 관해 알려주는 안내서. 신국판 / 376쪽 / 12,000원

성공리더의 7가지 조건 다이앤 트레이시·윌리엄 모건 지음 / 지창영 옮김
개인과 팀, 조직관계의 개선을 위한 방향제시 및 실천을 위한 안내자 역할을 해주는 책. 현장에서 활용할 수 있는 실용서. 신국판 / 360쪽 / 13,000원

김종결의 성공창업 김종결 지음
'누구나 창업을 할 수는 있지만 아무나 돈을 버는 것은 아니다'라는 전제 아래 중견 연기자로서, 음식점 사장님으로 성공한 탤런트 김종결의 성공비결을 통해 창업전략과 성공전략을 제시한다. 신국판 / 340쪽 / 12,000원

최적의 타이밍에 내 집 마련하는 기술 이원재 지음
부동산을 통한 재테크의 첫걸음 '내 집 마련'의 결정판. 체계적이고 한눈에 쏙 들어 오는 '내 집 장만 과정'을 쉽게 풀어놓은 부동산재테크서.
신국판 / 248쪽 / 10,500원

컨설팅 세일즈 *Consulting sales* 임동학 지음
발로 뛰는 영업이 아니라 머리로 하는 영업이 절실히 요구되는 시대 상황에 맞추어 고객지향의 세일즈, 과제해결 세일즈, 구매자와 공급자 간에 서로 만족하는 세일즈법 제시. 대국전판 / 336쪽 / 13,000원

연봉 10억 만들기 김농주 지음
연봉으로 말해지는 임금을 재테크 하여 부자가 될 수 있는 방법 제시. 고액의 연봉을 받기 위해서 개인이 갖추어야 할 실무적 능력, 태도, 마음가짐, 재테크 수단 등을 각 주제에 따라 구체적으로 제시함으로써 부자를 꿈꾸는 사람들이 그 희망을 이룰 수 있게 해준다. 국판 / 216쪽 / 10,000원

주5일제 근무에 따른 한국형 주말창업 최효진 지음
우리나라 실정에 맞는 주말창업 아이템의 제시 및 창업시 필요한 정보를 얻을 수 있는 곳, 주의해야 할 점, 실전 인터넷 쇼핑몰 창업, 표준사업계획서 등을 수록하여 지금 당장이라도 내 사업을 할 수 있게 해주는 창업 길라잡이서. 신국판 변형 양장본 / 216쪽 / 10,000원

돈 되는 땅 돈 안되는 땅 김영준 지음
부동산 틈새시장에서 성공하는 투자 노하우를 신행정수도 예정지 및 고속철도 역세권 등 투자 유망지역을 중심으로 완벽하게 수록해 놓은 부동산 재테크서. 신국판 / 320쪽 / 13,000원

돈 버는 회사로 만들 수 있는 109가지 다카하시 도시노리 지음 / 민병수 옮김
회사경영에서 경영자가 꼭 알아야 할 기본 사항 수록. 내용이 항목별로 정리되어 있어 원하는 자료를 바로 찾아 볼 수 있는 것이 최대의 장점. 이 책을 통해서 불필요한 군살을 빼고 강한 근육질을 가진 돈 버는 회사를 만들어 보자. 신국판 / 344쪽 / 13,000원

머니투데이 송복규 기자의 부동산으로 주머니돈 100배 만들기 송복규 지음
재테크 수단으로 새롭게 각광 받고 있는 부동산을 이용한 재산 증식 방법 수록. 부동산 재료별 특성에 따른 맞춤 투자전략을 제시하고 알아두면 편리한 부동산 상식도 알려준다. 현직 전문 기자의 예리한 분석과 최신 정보가 담겨 있는 부동산재테크 가이드서. 신국판 / 328쪽 / 13,000원

성공하는 슈퍼마켓&편의점 창업 나명환 지음
슈퍼마켓이나 편의점을 창업하려고 하는 사람들을 위한 창업 가이드서. 어느 위치에 얼마만한 크기로, 어떤 상품을 갖추고 어떤 마인드로 창업하고 영업해야 대형할인점과의 경쟁에서 살아남을 수 있는지 등을 저자의 실제 경험과 통계, 전문가들의 의견을 바탕으로 상세하게 소개. 4×6배판 변형 / 500쪽 / 28,000원

대한민국 성공 재테크 부동산 펀드와 리츠로 승부하라 김영준 지음
새로운 재테크 수단으로 세간의 관심을 모으고 있는 부동산 펀드와 리츠에 관한 투자 안내서. 리스크 없이 투자에 성공하기 위해서 알아두어야 할 주의사항, 펀드 및 리츠 관련 상품 설명, 실제로 투자되고 있는 물건을 수록하여 책을 통해서 실전 투자감각을 익힐 수 있게 하였다.
신국판 / 256쪽 / 12,000원

마일리지 200% 활용하기 박성희 지음
우리 주변에는 마일리지와 관련 있는 다양한 카드가 있다. 신용카드로부터 시작하여 이동통신사의 멤버십 카드, 캐시백 카드, 각 업소의 스탬프 카드 등 다양한 종류의 카드가 각기 특성을 가지고 우리 생활 속에서 이용되고

있다. 잘 알고 활용하면 개인의 주머니 경제, 가계의 살림에 보탬이 되는 각
종 마일리지에 관한 최신 정보를 한 권에 모아 놓았다. 이 책의 내용을 잘
활용하면 새는 돈을 알뜰살뜰 모으는 길이 보일 것이다.
국판 변형 / 200쪽 / 8,000원

1%의 가능성에 도전, 성공 신화를 이룬 여성 CEO 김미현 지음
탄탄하게 자리를 잡은 15군데 중소기업의 여성 CEO들이 회사를 운영하면
서 겪은 어려움, 기쁨 등을 자서전 형식을 빌어 솔직 담백하게 얘기했다. 예
비 창업자들을 위한 조언, 경영 철학, 성공 요인도 담고 있어 창업을 준비하
는 사람들에게 도움이 될 것이다.   신국판 / 248쪽 / 9,500원

주 식

개미군단 대박맞이 주식투자
홍성걸(한양증권 투자분석팀 팀장) 지음 / 신국판 / 310쪽 / 9,500원

알고 하자! 돈 되는 주식투자 이길영 외 2명 공저 / 신국판 / 388쪽 / 12,500원

항상 당하기만 하는 개미들의 매도 · 매수타이밍 999% 적중 노하우
강경무 지음 / 신국판 / 336쪽 / 12,000원

부자 만들기 주식성공클리닉 이창희 지음 / 신국판 / 372쪽 / 11,500원

선물 · 옵션 이론과 실전매매 이창희 지음 / 신국판 / 372쪽 / 12,000원

너무나 쉬워 재미있는 주가차트 홍성무 지음 / 4×6배판 / 216쪽 / 15,000원

주식투자 직접 투자로 높은 수익을 올릴 수 있는 비결 김학균 지음
저금리 · 고령화 시대를 대비한 개인자산관리의 확실한 방법을 제시한 책이
다. 미국 뿐만 아니라 일본, 중국, 홍콩, 대만, 브라질 등의 주식 시장의 철
저한 분석과 데이터화를 통해 한국 주식 시장에 맞는 가치주를 발굴하고 투
자할 수 있는 확실한 성공 전략을 제시한다.
신국판 / 230쪽 / 11,000원

역 학

역리종합 만세력 정도명 편저 / 신국판 / 532쪽 / 10,500원

작명대전 정보국 지음 / 신국판 / 460쪽 / 12,000원

하락이수 해설 이천교 편저 / 신국판 / 620쪽 / 27,000원

현대인의 창조적 관상과 수상 백운산 지음 / 신국판 / 344쪽 / 9,000원

대운용신영부적 정재원 지음 / 신국판 양장본 / 750쪽 / 39,000원

사주비결활용법 이세진 지음 / 신국판 / 392쪽 / 12,000원

컴퓨터세대를 위한 新 성명학대전 박용찬 지음 / 신국판 / 388쪽 / 11,000원

길흉화복 꿈풀이 비법 백운산 지음 / 신국판 / 410쪽 / 12,000원

새천년 작명컨설팅 정재원 지음 / 신국판 / 492쪽 / 13,900원

백운산의 신세대 궁합 백운산 지음 / 신국판 / 304쪽 / 9,500원

동자삼 작명학 남시모 지음 / 신국판 / 496쪽 / 15,000원

구성학의 기초 문길여 지음 / 신국판 / 412쪽 / 12,000원

법률 일반

여성을 위한 성범죄 법률상식 조명원(변호사) 지음
신국판 / 248쪽 / 8,000원

아파트 난방비 75% 절감방법 고영근 지음 / 신국판 / 238쪽 / 8,000원

일반인이 꼭 알아야 할 절세전략 173선 최성호(공인회계사) 지음
신국판 / 392쪽 / 12,000원

변호사와 함께하는 부동산 경매 최환주(변호사) 지음 / 신국판 / 404쪽 / 13,000원

혼자서 쉽고 빠르게 할 수 있는 소액재판
김재용 · 김종철 공저 / 신국판 / 312쪽 / 9,500원

"술 한 잔 사겠다"는 말에서 찾아보는 채권 · 채무
변환철(변호사) 지음 / 신국판 / 408쪽 / 13,000원

알기쉬운 부동산 세무 길라잡이
이건우(세무서 재산계장) 지음 / 신국판 / 400쪽 / 13,000원

알기쉬운 어음, 수표 길라잡이 변환철(변호사) 지음 / 신국판 / 328쪽 / 11,000원

제조물책임법 강동근(변호사) · 윤종성(검사) 공저 / 신국판 / 368쪽 / 13,000원

알기 쉬운 주5일근무에 따른 임금 · 연봉제 실무
문강분(공인노무사) 지음 / 4×6배판 변형 / 544쪽 / 35,000원

변호사 없이 당당히 이길 수 있는 형사소송 김대환 지음 / 신국판 / 304쪽 / 13,000원

변호사 없이 당당히 이길 수 있는 민사소송 김대환 지음 / 신국판 / 412쪽 / 14,500원

혼자서 해결할 수 있는 교통사고 Q&A 조명원(변호사) 지음
신국판 / 336쪽 / 12,000원

생활법률

부동산 생활법률의 기본지식
대한법률연구회 지음 / 김원중(변호사) 감수 / 신국판 / 480쪽 / 12,000원

고소장 · 내용증명 생활법률의 기본지식
하태웅(변호사) 지음 / 신국판 / 440쪽 / 12,000원

노동 관련 생활법률의 기본지식
남동희(공인노무사) 지음 / 신국판 / 528쪽 / 14,000원

외국인 근로자 생활법률의 기본지식
남동희(공인노무사) 지음 / 신국판 / 400쪽 / 12,000원

계약작성 생활법률의 기본지식
이상도(변호사) 지음 / 신국판 / 560쪽 / 14,500원

지적재산 생활법률의 기본지식
이상도(변호사) · 조의제(변리사) 공저 / 신국판 / 496쪽 / 14,000원

부당노동행위와 부당해고 생활법률의 기본지식
박영수(공인노무사) 지음 / 신국판 / 432쪽 / 14,000원

주택 · 상가임대차 생활법률의 기본지식
김운용(변호사) 지음 / 신국판 / 480쪽 / 14,000원

하도급거래 생활법률의 기본지식
김진홍(변호사) 지음 / 신국판 / 440쪽 / 14,000원

이혼소송과 재산분할 생활법률의 기본지식
박동섭(변호사) 지음 / 신국판 / 460쪽 / 14,000원

부동산등기 생활법률의 기본지식
정상태(법무사) 지음 / 신국판 / 456쪽 / 14,000원

기업경영 생활법률의 기본지식
안동섭(단국대 교수) 지음 / 신국판 / 466쪽 / 14,000원

교통사고 생활법률의 기본지식
박정무(변호사) · 전병찬 공저 / 신국판 / 480쪽 / 14,000원

소송서식 생활법률의 기본지식
김대환 지음 / 신국판 / 480쪽 / 14,000원

호적 · 가사소송 생활법률의 기본지식
정주수(법무사) 지음 / 신국판 / 516쪽 / 14,000원

상속과 세금 생활법률의 기본지식
박동섭(변호사) 지음 / 신국판 / 480쪽 / 14,000원

담보 · 보증 생활법률의 기본지식
류창호(법학박사) 지음 / 신국판 / 436쪽 / 14,000원

소비자보호 생활법률의 기본지식
김성천(법학박사) 지음 / 신국판 / 504쪽 / 15,000원

판결 · 공정증서 생활법률의 기본지식
정상태(법무사) 지음 / 신국판 / 312쪽 / 13,000원

처 세

성공적인 삶을 추구하는 여성들에게 **우먼파워**
조안 커너 · 모이라 레이너 공저 / 지창영 옮김
신국판 / 352쪽 / 8,800원

聽 **이익이 되는 말** 話 **손해가 되는 말**
우메시마 미요 지음 / 정성호 옮김 / 신국판 / 304쪽 / 9,000원

성공하는 사람들의 **화술테크닉** 민영욱 지음 / 신국판 / 320쪽 / 9,500원

부자들의 생활습관 가난한 사람들의 생활습관
다케우치 야스오 지음 / 홍영의 옮김 / 신국판 / 320쪽 / 9,800원

코끼리 귀를 달긴 원숭이-히딩크식 창의력을 배우자 강충인 지음
신국판 / 208쪽 / 8,500원

성공하려면 유머와 위트로 무장하라 민영욱 지음 / 신국판 / 292쪽 / 9,500원

등소평의 **오뚝이전략** 조창남 편저 / 신국판 / 304쪽 / 9,500원

노무현 화술과 화법을 통한 이미지 변화
이현정 지음 / 신국판 / 320쪽 / 10,000원

성공하는 사람들의 **토론의 법칙** 민영욱 지음 / 신국판 / 280쪽 / 9,500원

사람은 칭찬을 먹고산다 민영욱 지음 / 신국판 / 268쪽 / 9,500원

사과의 기술 김농주 지음 / 신국판 변형 양장본 / 200쪽 / 10,000원

취업 경쟁력을 높여라 김농주 지음 / 신국판 / 280쪽 / 12,000원

유비쿼터스시대의 블루오션 전략 최양진 지음 / 신국판 / 248쪽 / 10,000원

나만의 블루오션 전략-화술편 민영욱 지음 / 신국판 / 254쪽 / 10,000원

희망의 씨앗을 뿌리는 20대를 위하여 우광균 지음 / 신국판 / 172쪽 / 8,000원

명 상

명상으로 얻는 깨달음 달라이 라마 지음 / 지창영 옮김
티베트의 정신적 지도자이자 실질적 지도자인 달라이 라마의 수많은 가르
침 가운데 현대인에게 필요해지고 있는 인내에 대한 이야기.
국판 / 320쪽 / 9,000원

어 학

2진법 영어 이상도 지음 / 4×6배판 변형 / 328쪽 / 13,000원

한 방으로 끝내는 영어 고제윤 지음 / 신국판 / 316쪽 / 9,800원

한 방으로 끝내는 영단어 김승엽 지음 / 김수경 · 카렌다 감수 /
4×6배판 변형 / 236쪽 / 9,800원

해도해도 안 되던 영어회화 **하루에 30분씩 90일이면 끝낸다**
Carrot Korea 편집부 지음 / 4×6배판 변형 / 260쪽 / 11,000원

바로 활용할 수 있는 **기초생활영어**
김수경 지음 / 신국판 / 240쪽 / 10,000원

바로 활용할 수 있는 **비즈니스영어**
김수경 지음 / 신국판 / 252쪽 / 10,000원

생존영어55 홍일록 지음 / 신국판 / 224쪽 / 8,500원

필수 여행영어회화 한현숙 지음 / 4×6판 변형 / 328쪽 / 7,000원

필수 여행일어회화 윤영자 지음 / 4×6판 변형 / 264쪽 / 6,500원

필수 여행중국어회화 이은진 지음 / 4×6판 변형 / 256쪽 / 7,000원

영어로 배우는 중국어 김승엽 지음 / 신국판 / 216쪽 / 9,000원

필수 여행스페인어회화 유연창 지음 / 4×6판 변형 / 288쪽 / 7,000원

바로 활용할 수 있는 **홈스테이 영어** 김형주 지음 / 신국판 / 184쪽 / 9,000원

레포츠

수열이의 브라질 축구 탐방 **삼바 축구, 그들은 강하다**
이수열 지음 / 신국판 / 280쪽 / 8,500원

마라톤, 그 아름다운 도전을 향하여
빌 로저스 · 프리실라 웰치 · 조 헨더슨 공저 / 오인환 감수 / 지창영 옮김 /
4×6배판 / 320쪽 / 15,000원

퍼팅 메커닉 이근택 지음 / 4×6배판 변형 / 192쪽 / 18,000원

아마골프 가이드 정영호 지음 / 4×6배판 변형 / 216쪽 / 12,000원

인라인스케이팅 100%즐기기 임미숙 지음 / 4×6배판 변형 / 172쪽 / 11,000원

배스낚시 테크닉 이종건 지음 / 4×6배판 / 440쪽 / 20,000원

나도 디지털 전문가 될 수 있다!!! 이승훈 지음 / 4×6배판 / 320쪽 / 19,200원

스키 100% 즐기기 김동환 지음 / 4×6배판 변형 / 184쪽 / 12,000원

태권도 총론 하웅의 지음 / 4×6배판 / 288쪽 / 15,000원

건강하고 아름다운 **동양란 기르기** 난마을 지음 / 4×6배판 변형 / 184쪽 / 12,000원

수영 100% 즐기기 김종만 지음 / 4×6배판 변형 / 248쪽 / 13,000원

애완견114 황양원 엮음 / 4×6배판 변형 / 228쪽 / 13,000원

건강을 위한 **웰빙 걷기** 이강옥 지음 / 대국전판 / 280쪽 / 10,000원

우리 땅 우리 문화가 살아 숨쉬는 **옛터** 이형권 지음 / 대국전판 올컬러 / 208쪽 / 9,500원

아름다운 **산사** 이형권 지음 / 대국전판 올컬러 / 208쪽 / 9,500원

골프 100타 깨기 김준모 지음 / 4×6배판 변형 / 136쪽 / 10,000원

쉽고 즐겁게! 신나게! 배우는 **재즈댄스**
최재선 지음 / 4×6배판 변형 / 200쪽 / 12,000원

맛과 멋이 있는 낭만의 **카페** 박성찬 지음 / 대국전판 올컬러 / 168쪽 / 9,900원

한국의 숨어 있는 아름다운 **풍경** 이종원 지음 / 대국전판 올컬러 / 208쪽 / 9,900원

사람이 있고 자연이 있는 아름다운 **명산** 박기성 지음
대국전판 올컬러 / 176쪽 / 12,000원

마음의 고향을 찾아가는 여행 포구 김인자 지음 / 대국전판 올컬러 / 224쪽 / 14,000원

골프 90타 깨기 김광섭 지음 / 4×6배판 변형 / 148쪽 / 11,000원

생명이 살아 숨쉬는 한국의 아름다운 **강** 민병준 지음
대국전판 올컬러 / 168쪽 / 12,000원

틈나는 대로 **세계여행** 김재관 지음 / 4×6배판변형 올컬러 / 368쪽 / 20,000원

KLPGA 최여진 프로의 센스 골프 최여진 지음
4×6배판변형 올컬러 / 192쪽 / 13,900원

해양스포츠 카이트보딩 김남용 편저 / 신국판 올컬러 / 152쪽 / 18,000원

KTPGA 김준모 프로의 파워 골프 김준모 지음
4×6배판변형 올컬러 / 192쪽 / 13,900원

골프 80타 깨기 오태훈 지음 / 4×6배판 변형 / 132쪽 / 10,000

신나는 골프 세상 유용열 지음
MBC-ESPN 골프해설위원 유용열 프로가 쓴 골프의 모든 것이 담겨있다. 아마
추어에서 비기너, 싱글 수준의 골퍼에 이르기까지 이 책을 보면서 하루에 한
가지씩 배우고 익힐 수 있도록 하였다. 4×6배판변형 올컬러 / 232쪽 / 16,000원

풍경 속을 걷는 즐거움 **명상 산책** 김인자 지음
우리나라의 사계절 걷기 좋은 곳 21곳 수록. 걸으면서 사색을 즐기고 싶은 사
람에게 추천할 만한 책이다. 특히 느림과 침묵에 굶주려 있는 도시인들에게 두
발의 건강한 노동인 걷는 즐거움을 줄 수 있는 책이다.
대국전판 올컬러 / 224쪽 / 14,000원

풍경 속을 걷는 즐거움 **명상 산책**

2006년 3월 25일 제1판 1쇄 발행

지은이/김인자
펴낸이/강선희
펴낸곳/가림출판사

등록/1992. 10. 6. 제4-191호
주소/서울시 광진구 구의동 57-71 부원빌딩 4층
대표전화/458-6451   팩스/458-6450
홈페이지 http://www.galim.co.kr
e-mail   galim@galim.co.kr

값 14,000원

ⓒ 김인자, 2006

ISBN 89-7895-232-1 13980